JN206158

薬食同源を実装する園芸作物ビジネスの新産業化

～柿・桃・シャクヤク・サフランを活用して～

［編著］
後藤 一寿
髙橋 京子

大阪大学出版会

写真Ⅰ-1　東アジアの市場例：薬食同源の世界　スリランカのアッサン市場
左：スパイス小売　中：アーユルヴェーダ生薬の薬店　右：ミャンマーの市場 農作物の販売

写真Ⅰ-2　生薬として加工された薬用作物

図Ⅱ-1　大和薬種（当帰・芍薬・牡丹）

図Ⅱ-4　竹田式サフラン栽培：篤農家（故）渡部親雄氏による技術指導風景
上左図：サフラン花容　中：竹田式栽培（開花時）　右：雌蕊柱頭　下：渡部氏による篤農技術指導

写真Ⅱ-3　サフランの収蕊作業

図Ⅱ-4（一部写真）　サフラン農家　渡部夫妻

写真Ⅲ-1　中国内蒙古自治区における麻黄栽培圃場

写真Ⅲ-2　トルコに野生する*Ephedra major*
（=*E. equisetina*）

写真Ⅲ-3　多数の毬果がついた種子生産用株

写真Ⅲ-4　マオウの実生苗

写真Ⅲ-6　サキシマボタンヅル　宮古島

写真Ⅲ-7　サキシマボタンヅルの実生

写真Ⅲ-8　砂地に自生する威霊仙の原植物*Clematis hexapetala*　中国内蒙古自治区

写真Ⅲ-9　砂丘にはえる苦参の原植物クララ　中国内蒙古自治区

写真Ⅲ-10　能登の砂地に植え付け開花したクララ

写真Ⅲ-11　能登の砂地で繁茂するタイム

写真Ⅲ-15　防已の採集　四国

写真Ⅳ-1　開花時の室（むろ）内部

図Ⅳ-1　データロガー設置の様子

写真Ⅳ-3　茯苓突き
調査地：長野県上田市真田町傍陽中組　　調査時期：2014年11月
（A）（B）茯苓生育場所：松の倒木付近調査風景（→ウェアラブルカメラ装着時）　（C）茯苓突き用杖
（D）茯苓発見場所（→）（E）掘り上げた茯苓

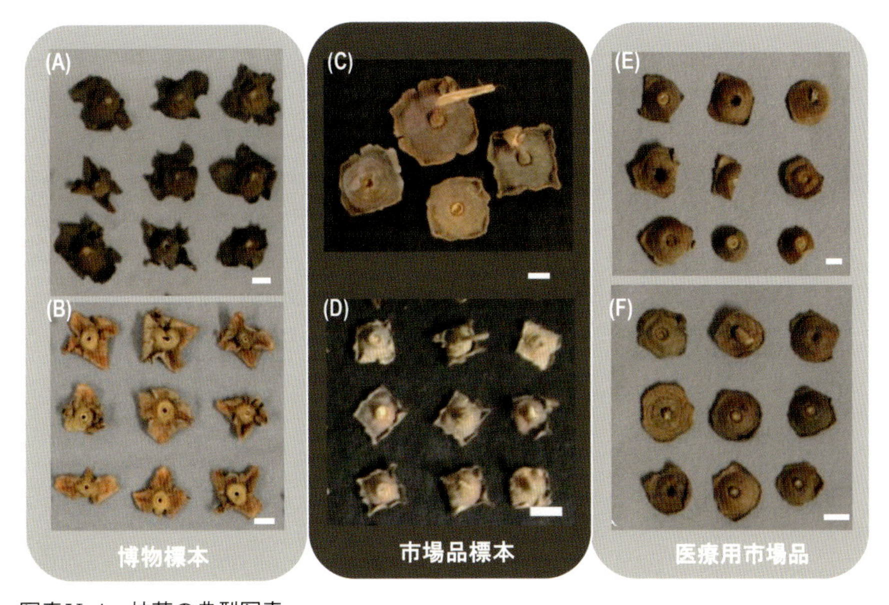

写真Ⅴ-1　柿蒂の典型写真
（A）1900年頃　（B）1920年頃　（C）1935年　（D）1977年　（E）（F）2014年　スケールバー：10 mm

図Ⅴ-2　国内で栽培されている主要カキ品種
（A）2018年（https://www.maff.go.jp/j/tokei/kouhyou/tokusan_kazyu/）
（B）主要品種果実の典型的外観

写真Ⅴ-2　刀根早生果実
（A）俯瞰　（B）縦断断面　（C）刀根早生の調製柿蒂表面　（D）裏面　スケールバー：10 mm

図Ⅴ-4　カキ果実の多角的利用

図Ⅴ-5　日本薬局方規定：桃仁

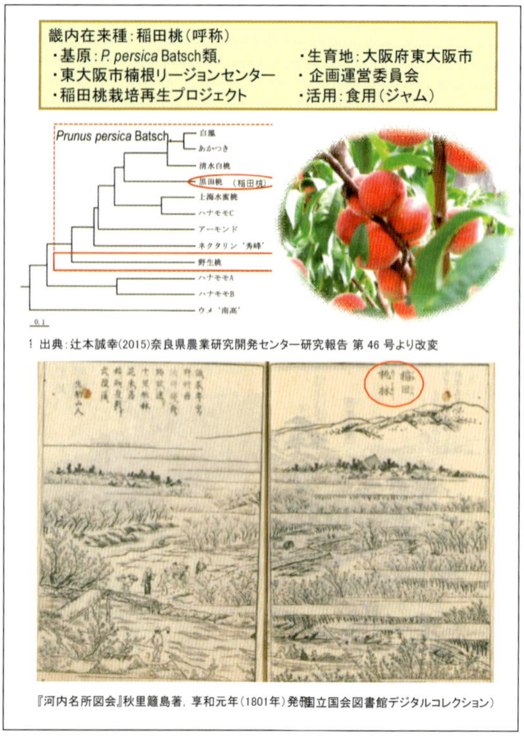

図Ⅴ-6　畿内在来種：稲田桃の特性

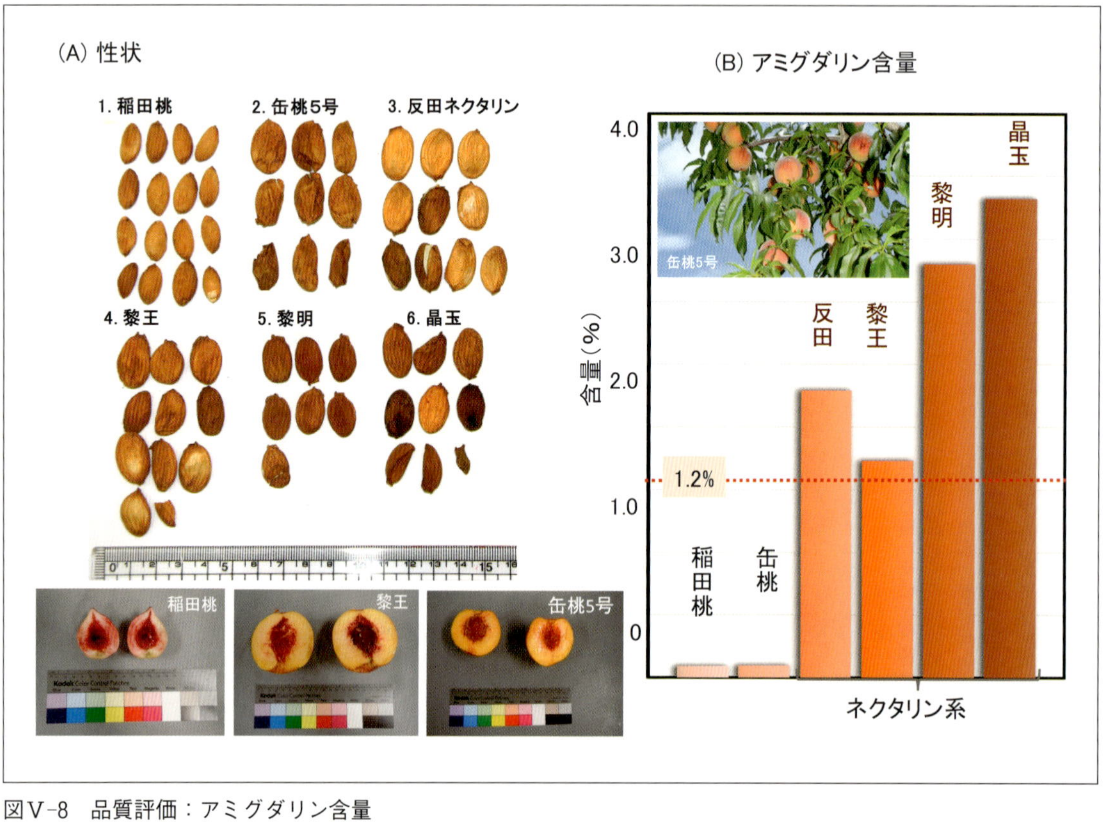

図Ⅴ-8　品質評価：アミグダリン含量

写真Ⅵ-4　キハダの苗木栽培

写真Ⅵ-7　利用者が集うケアファーム

写真Ⅶ-1　耕作放棄地（修復前）

写真Ⅶ-2　耕作放棄地（修復後）

写真Ⅶ-3　耕作放棄地に導入したシャクヤク

写真Ⅶ-4　オランダのシャクヤク畑

メニュー考案　大久保智尚シェフ

サフランクラムチャウダー

鶏モモ肉のサフランクリーム煮

サフラン豚しゃぶポトフ

シーフードのソテーと
サフランライス、
酸味を加えたサフランソース

サフランエスカベッシュ
（南蛮漬け風）

サフランマドレーヌ

かぼすサフランゼリー

はじめに

高付加価値農業を実現する新たな農資源として、薬用作物の栽培や活用に注目が集まっている。薬用作物は専ら薬用に用いられる作物が中心であるが、薬用以外の用途も含めた多様な活用方法が検討されている。新たな農資源として、歴史的考察から過去に栽培されていた薬食同源の園芸作物や未利用作物などを探索し、農業と薬用での利用可能性を見いだすことで、持続的かつ高収益型の農業生産を実現できる。そこで、本書では、史的研究、医薬学、農学、食品科学、農業経済学の専門家が、特産園芸作物の探索、生産から加工・販売を通じて消費者に至るまでのバリューチェーンに応じた研究課題に共同で取り組み、果樹（柿、桃）、シャクヤク、サフラン・ブクリョウなどを対象に、医薬学、農学、食品科学、農業経済学の英知を結集して、特産園芸作物の高付加価値化を目指した総合利用技術開発、薬用作物を活用した異分野連携アグリビジネスを提案する。

本書は学術的な裏付けに基づきながらも、わかりやすい解説と実践的な手法の掲載を意識し執筆している。各章の構成は以下のとおりである。第１章「植物多様性が支える産業資源植物」では植物の産業利用に至る区分や薬食同源の基本的な考え方、総合医療による漢方の意義並びに漢方利用に関する消費者の声などを整理し、本書の基本的な意義を解説している。第２章「地域文化力と薬草栽培：特産園芸作物」では園芸作物であるシャクヤクやサフランの薬用的な意義、栽培法の歴史的な検証と普及に至る過程などを詳細に分析し、紹介している。第３章「薬用作物の栽培・生産研究：生薬の国産化を志向して」では漢方生薬の国産化へ向けた取り組みとしてマオウの種子栽培方法の研究や能登半島での栽培試験の様子などを紹介し、国産栽培へ向けた提案を行っている。第４章「篤農技術の収集とマニュアル化」では竹田式サフランの室内栽培方法のデータによる可視化、ウェアラブルカメラを用いた茯苓採集の可視化、シャクヤク修治の作業環境の可視化などの徹底的な分析により、暗黙知とされていた篤農技術の評価を行っている。第５章「未利用部位を含めた多角的利用技術の開発」ではしゃっくり止めの効果を持つカキのヘタ（柿蒂）、桃の種（桃仁）、サフランの花弁など未利用で捨てられていた部位に注目し、園芸品種の徹底的な収集と分析からその利用の可能性を明らかにしている。第６章「薬用作物栽培における園芸療法利用と生産支援」では国産生薬の流通過程の整理や日本での障がい者施設での栽培の取り組み、オランダケアファームでの実践の紹介などを行い、薬用作物栽培と園芸療法利用の両立を提案している。第７章「特産農産物のアグリビジネス開発」では、本書で取り上げてきた様々な特産園芸作物の薬用利用も想定したビジネスモデルについて、基本的な設計方法の解説を行っている。巻末には大久保シェフに考案いただいた薬食同源の考え方でおいしくいただくサフラン料理を紹介している。

本書が今後の地域農業の活性化並びに国産生薬を求めている医師・薬剤師並びに患者の皆様、消費者の皆様にとって有意義であることを期待する。

筆者を代表して

国立研究開発法人 農業・食品産業技術総合研究機構
NARO開発戦略センター 副センター長　後藤　一寿

目　次

第１章　植物多様性が支える産業資源植物

1．植物産業と資源植物学

1）産業資源植物のカテゴリー（区分）

植物を材料に用いて、商品を製造する業種を植物産業という。食品、食用油、油脂、医療用植物繊維、紙パルプ、薬品、木材、香料、染料など、人類は植物に依存しており、植物なしでは生きていけない。植物産業資源の重要な性質とは何か。植物は生物だから、資源自体の再生産・増殖・改良が可能なことにある。工業の地下資源のように消費すると失われる有限資源と大きく異なり、植物が「無限資源」とされる理由である。

産業資源植物について、工業資源の区分で表すと、第一次資源植物（野生原種）と第二次資源植物（栽培種）、さらにその製品（商品）に例えることができる（図Ⅰ-1）。資源植物とは、現在用いている栽培植物やその他の有用植物、そして栽培植物を生み出したその野生原種や近縁植物を含む植物群を指す。野生のツルマメから作物のダイズが生まれたように、原種から作物が作られた。キウイフルーツは中国原産オニマタタビという長さ３cm余の果実をつける野生食用植物を新素材として育種された新しい商品としての果物である。また、現在広く植えられているサトウキビは数種の原種が組み合わさった複雑な雑種である（図Ⅰ-1）。

2）有用植物の野生採取と農業

植物産業系における農林業の位置は、図Ⅰ-1の第二次資源の再生産および改良・増殖過程である。歴史から見ると人類が植物を利用し始めたとき、栽培植物（作物）はまだ存在せず、自然に生えている食用になる野草や果実を採って食べる自然採取であった。やがて種などの廃棄物が自然植生でない場所に生えて雑草化し、人間に好都合な植物が選抜・栽培され作物が発生したと考えられている。その後、人間による作物の栽培が大規模に行われるようになり、農業の形態が確立する。

現在、植物生産は、①水田、麦畑、野菜畑、果樹園など農薬や化学肥料を使用する従来型（慣行/コンベンショナル）農業、②自宅付近に自家消費の野菜・果実を半栽培的に育てている家庭菜園（キッチンガーデン）、③野生種の採取利用の３つの形がある。特に東洋の伝統医薬原料、南米インカの薬用植物や東南アジアのスパイス類の供給は、野生種採取に依存しており、薬用植物（生薬）の多くが自然植生からの採取

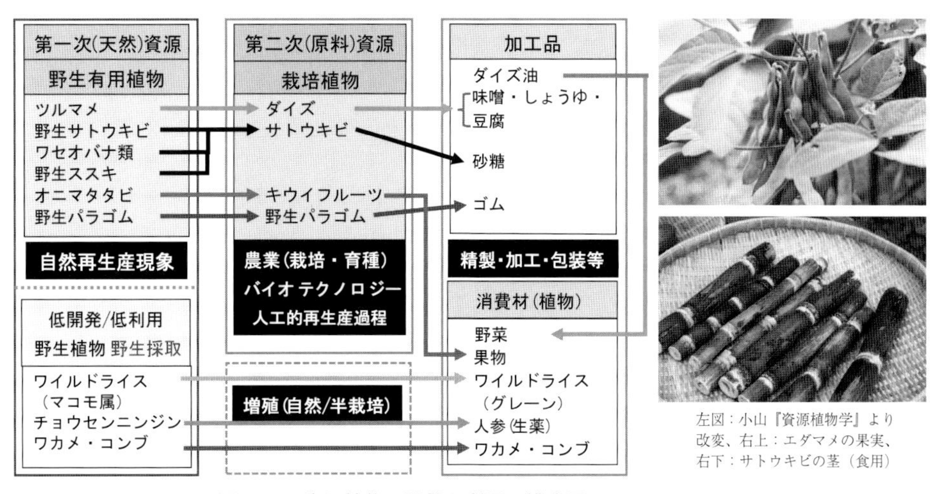

左図：小山『資源植物学』より改変、右上：エダマメの果実、右下：サトウキビの茎（食用）

図Ⅰ-1　資源植物の開発と利用の模式図（筆者改変・作成）

だったことから、乱獲により激減している現状がある。野生採取に頼っている有用植物は早急に栽培化する必要に迫られているが、最新の育種技術やバイオ技術を応用して栽培型の品種作出や人工環境造成などを駆使すれば、栽培化できる種類も少なくないと期待される。

3）植物素材の多様性と再生産性の維持

植物資源の可能性は、資源の持続的利用開発（Sustainable Use and Development of Plant Resources）が大前提となる。植物産業の第一次資源は図Ⅰ-1のように野生植物で自然植生の中に見いだされる。野生植物はそれらに適合した自然環境でのみ生息できる種類が大半を占めることから、一旦、自然植生が破壊されると消失して再生できない。ゆえに、自然植生の保護、保全は再生産性維持に不可欠である。自然種の保護には、植物遺伝子資源保護が第一の基本となる。植物産業の開発のためには、その資源植物の多様性と育種・加工などの開発技術がともに重要である。また、植物産業の多様化は植物自身の多様性に頼らざるをえないが、より多くの植物を開発利用するには従来育種技術に加え、バイオの新技術を開発導入する必要がある。

4）資源植物インベントリーと植物素材の重要性

日本では、技術開発の重要性はよく理解されているが、植物素材の多様性（diversity）の重要性、すなわち、有用植物のインベントリー（inventory）拡充が不可欠であることへの関心が低い。元来、インベントリーは「財産目録」「在庫品」などと訳されている。小山鐵夫氏は植物学上のインベントリー研究を「目的を持った標本や情報の収集・整理・管理」と定義している。それは、地球上のすべての植物を野生・栽培の別を問わず、系統的に調べ上げ、世界共通の学名をつけて記載し、形態、分布、細胞遺伝

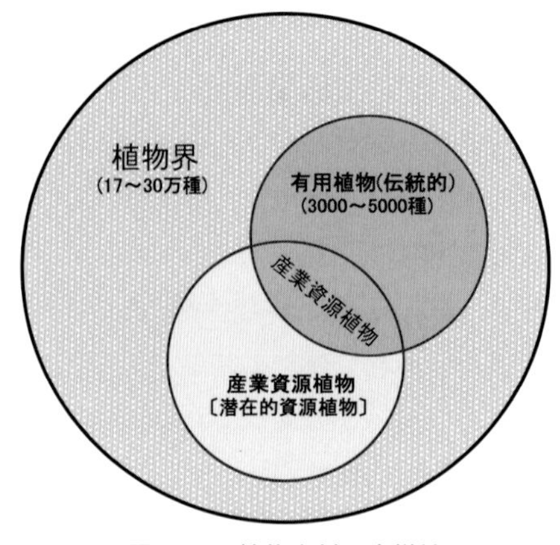

図Ⅰ-2　植物素材の多様性
筆者作成

学形質、成分、系統的類縁性から用途に至る解析結果を記録整理することである。そうしておけば、将来の植物利用目的に沿った、研究/育種材料、産業資源原料活用や植物資源の再生産性の維持に役立つからである。

地球上の植物は種子植物のみで17万種、植物界では約30万種ともいわれるが、現在、用途が判明しているものは約3,000種にすぎない。（図Ⅰ-2）。そのうち普通に栽培されている作物は500種程度、主要作物は30～40種である。この膨大な植物母集団にもかかわらず、活用されている植物の種類がわずかな事実から、植物産業の新規開発における将来性と有用植物のインベントリー研究の緊要性が理解できるだろう。

栽培植物は原種の母集団の中から、人間の利用に関して好都合な形質を備えた変異を選んで栽培化し、それを改良した人為的植物である。世界で比較的広範囲に栽培される主要作物（メジャー・クロップ）としてトウモロコシ、イネ、コムギなどが挙げられる。一方、地球上の限られた地方のみに栽培される作物群をマイナー・クロップという。日本やヒマラヤのみに見られるソバがその例である。マイナー・クロップは地域の人々が利用しなくなったり、別の作物が導入されると忘れられていく。他種に置き換えられ忘れられつつある作物を遺存作物という。

2．薬食同源の世界（写真Ⅰ-1）

東アジアにおける伝統医学では食生活と健康の関係を非常に重視してきた。薬食同源（医食同源）の思想は、東洋における医療の根源になっている。健康とは心身すべて健やかなことを意味し、「日常の食事によって病気にならないような体力づくりをし、健全な精神を養うようにする」という未病医学の思想を指す。

「食」は健康の維持、増進、健全な精神の育成、病気の予防、疾病の治癒促進、再発防止などに意義を持つ。食物には、大きく４つの価値、①食品価値、②栄養価値、③薬理価値、④食効価値がある。①は美味しい、香ばしい、美しい、歯ごたえや手触りがよいなどの調理師的発想であり、食文化の一面である。②は現代栄養学から見た側面、③および④は、医学・薬学・病態栄養学などの自然科学の進歩により栄養価値以外の効用、つまり薬理効果や食効を指す。山葵（ワサビ）や鬱金（ウコン）などの殺菌作用、緑茶やコーヒーの覚醒作用などが挙げられる。食べると体が温まる、冷えるなどは食効の一例である。また、自然科学的（医学・薬学・栄養学）側面と社会科学的（文化、経済、政治、社会、宗教）側面の二面性があるとされる。「食」の意義を考える場合、常にこの二面性を考慮しなければならない。

1）食文化と薬膳

中国では古くから、滋養強壮の目的や病気の治療効果を高めるために、漢薬を料理と組み合わせて美味しく食べる技術＝薬膳があった。薬膳とは、元気で長生きしたいという人間の願望から生まれた独特の料理で、長い歴史を持つ中国の食文化の１つと言える。中国医薬学理論に基づき、漢方薬やその他の薬用価値のある何種類かの食物を配合して調理した、色、香、味、形の完成された美味しい料理のことである。薬膳には病気の治療を目的とする「食療」と未病の状態を保ちつつ病気にならないようにする「食養」の二面がある。

中国やインドの伝統医療では、病気を治すというより、病気にならないための食養を重要視してきた。近年、食事療法が再評価されつつあるが、東洋での歴史は古く、近代栄養学とは思想的に全く異なる。近代栄養学は近代科学に裏付けされたものだが、人体の機能や食物の含有成分、食物を摂取した際の作用やその機序などは未だ一部しか説明できない。

2）漢方における薬と食の捉え方

「食」は人類が生命を維持するために不可欠なものである。一方、薬の発見には、①薬は日常の食物の中から病気に対する効用を見いだしてきた説と、②薬は食物と全く関係なく、長年続

写真Ⅰ-1　東アジアの市場例：薬食同源の世界
スリランカのアッサン市場　左：スパイス小売　中：アーユルヴェーダ生薬の薬店　右：ミャンマーの市場 農作物の販売

く人類の病との闘争の中から体験的に見いだしてきたとする2つの説がある。薬食同源は①の説を指すとされる。薬物と食物の源が1つであるという考え方は古代から東洋の1つの思想として存在していた。

中国では、既に3000年前の周王朝の諸制度を記した『周礼』の中に医師を「食医、疾医（内科医）、傷医（外科医）、獣医」の4階級に分けている。食事指導して未病を治す医師が「食医」で、最も優れた医師として尊敬されていた。後漢の頃、張仲景の『金匱要略』には「上工は未病を治す」とある。本書は雑病（慢性的な病気）の治療法を記した医書で、優れた医師は未だ病んでいない臓器を病む前に治すという意味である。

食物は人体の生命を保持するためだけでなく、より豊かな生活ができるような健康維持および増進のためのものである。真の料理は体をつくり、体力を増し、精神を養うものでなければならない。食物に対し、薬は不健康になった生体を正常な健康体にもどすためのものと定義づけられる。しかし、薬食同源の世界では、食と薬の境界が混然としている。

中国最古の薬物書である『神農本草経』では薬を上薬（毒がないので長期の連用が可能）、中薬（毒の有無を知って適宜用いる）、下薬（毒が多いから長期連用不可）の3品に分類している。上薬は食品的要素が強い。薬膳に配合できる漢薬の大半は上薬だが、中薬、下薬も適切に修治して性質を変え利用する場合もある。

3）食物の効用と薬膳の基本

生薬には薬能、薬性、薬味といった効能、性質、味がある。同様に食物にも、食能、食性、食味がある。このような考え方は生活の知恵からアジアで生まれた思想で、中国の場合、「陰陽五行説」に基づき、薬食の性質と味の組み合わせを重視する。陰陽五行説は、古代中国の1つの世界観を示したもので、漢代に大系だてられたとされる。五行説は人類の生活に必要な5つの素材、すなわち、水・火・木・金・土の民用五材の思想に基づく。陰陽五行説は秦漢時代の著作と伝えられる『黄帝内経素問』に記されており、古代中国人の直観と経験によったもので、今日でも、中国医薬学理論の基礎となっている。この思想には、病気の治療、健康管理、調剤、調理の原則があり、生理学、病理学をも包含する。黄帝内経素問によると、「陰は寒、水、下、右、腹、裏、内であり、陽は熱、火、上、左、背、表、外である」と記されている。陰陽のバ

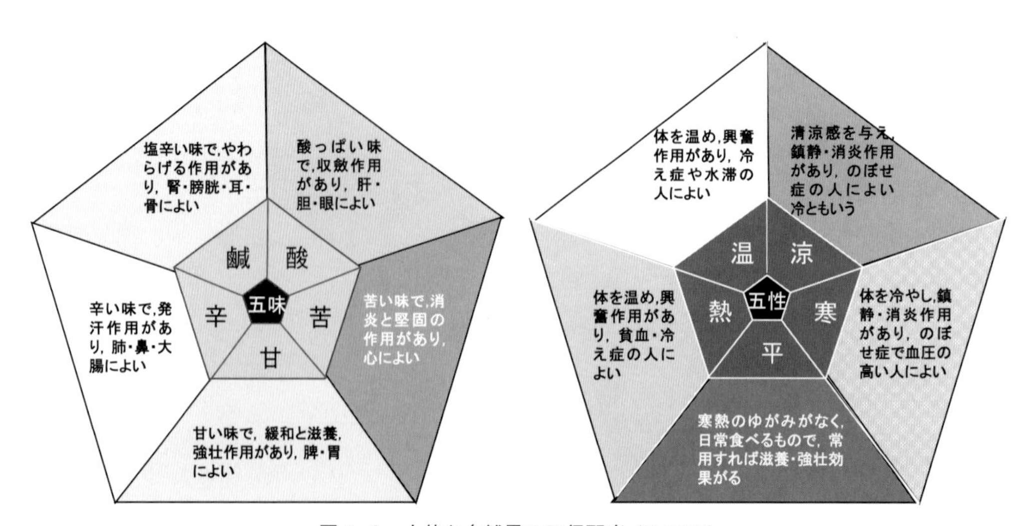

図Ⅰ-3　人体と自然界の五行配当（筆者作成）

ランスが崩れたときには、それを是正する反対の薬性、食性を持つ薬物または食物で中和正常化しようとする考え方である。薬物や食物の両方にある性味を5つに分類しており、五味（5つの味）と五性（5つの性質）は薬の処方や薬膳の基本となる。(図Ⅰ-3)

〔味〕

①酸：酸っぱい味で収斂作用があり、肝、胆、目によい

②苦：苦い味で、消炎と堅固の作用があり、心によい

③甘：甘い味で、緩和と滋養強壮作用があり、脾、胃によい

④辛：辛い味で発散作用があり、肺、鼻、大腸によい

⑤鹹：塩からい味で、柔らげる作用があり、腎、膀胱、耳、骨によい

〔性質〕

①寒：体を冷やし、鎮静、消炎作用があり、のぼせ症で血圧の高い人によい

②熱：体を温め、興奮作用があり、貧血、冷え症の人によい

③温：熱よりやや作用が弱い

④涼：寒よりやや作用が弱い

⑤平：寒熱のひずみがなく、日常飲食するもので、常用すれば滋養強壮作用がある

薬膳はこれらの性味をもった薬・食をバランスよく配合することによって、健康を維持、増進し、老化を防ごうとする考え方からできた料理である。この原則は厳密で、料理や漢方処方いずれもこれらの組み合わせを正しく用いれば効果があるが、誤ると有害作用があらわれる。五味調和原則を図Ⅰ-4に示す。

料理には「酸と甘、苦と辛、甘と鹹、辛と酸、鹹と苦」のように二味を組合す原則があり、相

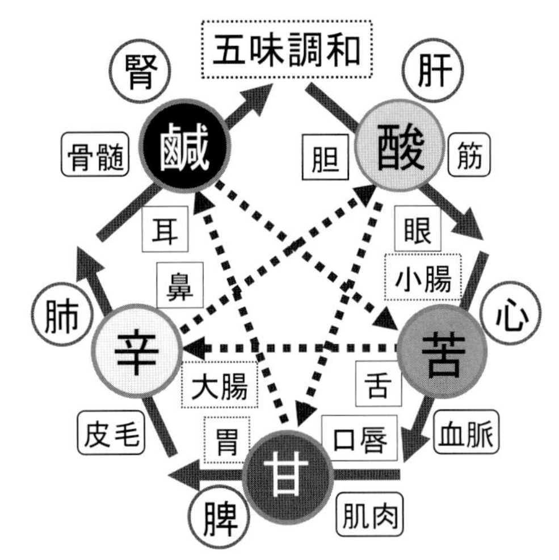

図Ⅰ-4　五味調和の原則（筆者作成）
実践矢印は増進・強化などプラスに、破線は害を及ぼす方向に作用する。

互の味を中和して美味しく食べられるようにするのが料理、特に、薬膳の秘訣である。酢の物に砂糖や蜜を少量加えると強い酸味を抑える。強い甘味を抑えるために隠し塩を用いる。善哉やお汁粉に少量の塩を加えるのは、理にかなっている。

4）医薬品としての生薬

生薬は、自然界に存在する植物、動物、鉱物などの天然品をそのままあるいは乾燥、水蒸気蒸留などの簡単な加工を施して薬用としたものである（写真Ⅰ-2）。生薬は江戸時代には「きぐすり」と呼ばれていたようで、1880年（明治13）、大井玄洞先生が「Pharmacognosy」というドイツ語の訳語として「生薬学」の言葉を当て、「きぐすり」ではなく近代的発音として「しょうやく」としたとされる。19世紀頭、ドイツで有機化学が起こり、次第に薬効を発現する成分研究から生まれた医薬品に対し、従来品と区別するため、生薬のことを「(独)　Rohe Drogen」「(英)　Crude Drug」とした。英語で、「Crude」とは「自然の、粗雑な、生の」などを意味し、一般的に医薬品に求められる精製や洗練された印象と異なるかもしれないが、元

来、医薬品は生薬から始まったのである。

現在に伝わる生薬は人類が外傷や疾病と戦ってきた長い歴史の中で蓄積してきた知識の集大成で、薬物文化と言い換えることができる。それは、日常的に食糧を探し出す試行錯誤の中から病気を改善するものを見いだしたり、武器に使用する矢毒など毒物の中から、微量使用することで、薬物として使えるものを発見してきたのである。世界各地で生活する諸民族は、それぞれ疾病の治療に使う伝統的な薬物を持っている。これらの薬物は、独自文化の中で長年の経験をもとに、気候風土、食生活およびその民族の体質などに適した形となって受け継がれてきた。

漢方医学は、中国で発達し、5、6世紀頃に日本に渡来した後、江戸時代に独自の発展をとげた日本の伝統医学である。特に、新しくオランダから導入された西洋医学を「蘭方」と呼んだのに対し、中国から取り入れ発展させてきた従来の医学を「漢方」と称した。漢方医学で使用される薬物が「漢方薬」で、自然界の植物、動物、鉱物など複数の生薬を組み合わせて作られ、1つの薬（処方・漢方方剤）に多くの有効成分を含む。西洋薬が特定の症状をピンポイントで改善するのに対し、漢方薬は個人の体質や病態に合わせて処方され、人が本来持っている自然治癒力を高める。

薬用植物は薬効成分を含む薬用とする植物で、全草または根、樹皮、種子など特定部分を用い、そのままあるいは多少加工して使う場合と製薬原料にする場合とがある。多くの薬用植物は自生しているものを採取して利用するが、経済栽培が可能なものは、薬用作物として区別する。

5）総合医療における生薬製剤の意義

近年、西洋医学中心の医療において、重篤な副作用、薬害、耐性菌発生などの課題が増加しつつあり、西洋医学一辺倒の医療体制の矛盾と限界が指摘されている。合理主義と科学主義への過度の偏重に対する批判も強まり、医療体制を見直す機運が高まって、代替医療（伝統医学を含めた近代医療以外の医療全般を指す）の活用が求められるようになった。西洋医学と代替医学を組み合わせた医療を統合医療と定義する。

代替医療の中核には伝統医学があり、漢方・鍼灸・按摩などの東洋医学、植物（薬草）療法、自然療法、温泉療法などがある。これらは健康維持と病気予防を重視し、本来人間が持つ自然治癒力を引き出すことが特徴である。

統合医療の対象は、①健康維持・病気予防、

写真Ⅰ-2　生薬として加工された薬用作物

②老人医療、③介護、④心身医療などで、21世紀の新たな医療体制の１つになると考えられる。具体的には、不健康、超高齢化、ストレス、環境問題、少子化、医療経済などの課題の解決対策に有効活用されることが期待されている。特に、医療費削減・医療経済へ貢献するものの１つとしてセルフメディケーションの考え方が広まっている。

セルフメディケーションとは各自が自己管理の下に病気を予防し、自己治療を行い、QOL（Quality of Life：生活の質）向上を目指そうとするものである。従来の基本概念は、一般医薬品（Over The Counter: OTC）などを用いた軽度疾患の自己治療が中心と考えられていた。WHOでは「自分自身の健康に責任を持ち、軽度な身体の不調は自分で手当てすること」と定義しているが、近年では生活習慣病の予防、未病改善へと移行し、鍼灸や健康食品、サプリメントなどの相補・代替医療による治療・予防へと拡大してきた。生薬製剤を含むOTC薬やサプリメントはセルフメディケーションで重要な役割を担っている。世界の医薬品市場において全体の約20％の売り上げを占めることが報告され、年々上昇傾向にある（図Ⅰ-5）。

日本を含む東アジア地域で使用される生薬製剤は、欧米のハーブなどの市場品とは異なる独特な治療体系のもとに発展してきたもので、その国々の文化に深く根ざしている。東洋医学では「病気になりつつある状態」として「未病」という概念がある。種々の自覚症状、QOLの低下が認められても検査上異常がなければ、西洋医学上では治療対象にされず放置されてきた。しかし、医学の進歩によって急性疾患が減少し、慢性疾患や長期在宅治療患者が増加した状況下では、患者の視点が重要視される。侵襲性の高い治療や延命措置による苦痛の緩和といったQOL向上が治療の目標とされる傾向も高まってきた。身体所見や検査値などの客観的データ上の異常が認められずとも、患者の主観に基づいた治療を目標とするQOL向上は、東洋医学における未病治療の考え方と非常に類似している。

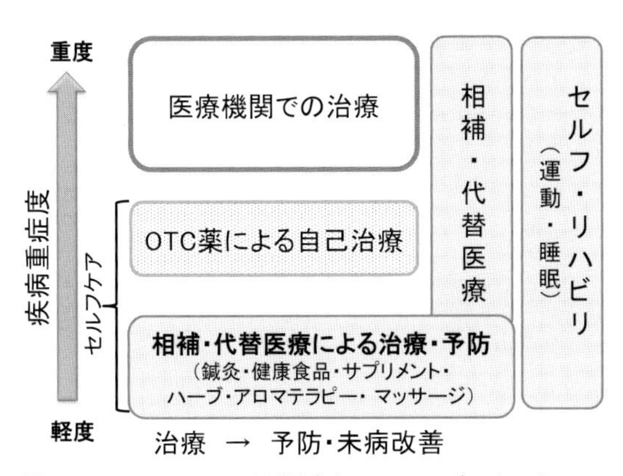

図Ⅰ-5　テーラーメイド医療とセルフメディケーション
日本薬業連絡協議会

3．国内の生薬市場規模と国内シェア

漢方製剤などの原料となる生薬の年間使用量は約27千ｔ（2016年度）であり、このうち、国産は約11％を占める（約2.9千ｔ）。漢方製剤などは医療現場におけるニーズが高まっており、2019年度の生産金額は1,984億円（2019年度）であり、５年間で18.7％増加している（厚生労働省『薬事工業生産動態統計調査』）。このことから、原料となる生薬の需要量は、今後も増加が見込まれる。

生薬の生産において、国産はわずか１割にとどまり、中国産が約８割を占め、大半を中国産に依存している状況である（2016年度、日本漢方生薬製剤協会調べ）。しかし近年、中国生薬の輸入価格が上昇している。この背景には、中国国内での需要量が増加していること、乱獲により自生の薬用作物が減少していること、甘草などの一部の薬用作物に対し環境保全を目的に輸出制限を課す動きが見られることなどがある。このことから、今後も中国産生薬を安定的に確保することができるかは不透明な状況であり、大半を中国に依存することはリスクをともなうため、漢方生薬製剤業界では国産に対するニーズが高まっている。

国産生薬の生産量を拡大するためには、消費者のニーズの把握、および国産に対する理解の促進が重要となる。そこで、消費者を対象としたアンケート調査を実施したので、その結果を紹介する。

4．全国消費者アンケートの結果

1）調査の概要

全国の消費者に対し、漢方利用の状況や漢方薬に対するイメージについてインターネット調査を実施した。調査は2021年10月に実施、調査会社のモニター1,000人から回答を得た。調査設計に当たっては、男女比、20歳代から60歳代までの年代比が均等になるよう設計した。回答者の属性は表Ⅰ-1に示すとおりである。

表Ⅰ-1　回答者の属性　（単位：人）

年代	男性	女性	合計
20歳代	100	100	200
30歳代	100	100	200
40歳代	100	100	200
50歳代	100	100	200
60歳代	100	100	200
合計	500	500	1000

インターネット調査より筆者作成

2）漢方利用の状況

漢方薬利用の状況、具体的には、日常での漢方利用の状況および今後の利用意向を聞いた。その結果、日常的に使用している消費者は8.8%、たまに使用している消費者は15.2%、使用したことはあるという消費者は29.9%であった（表Ⅰ-2）。これらを合わせて使用経験ありというグループとして集計すると、53.9%の消費者が利用経験を有していることとなった。これ以降の分析は、利用経験がある53.9%の消費者のデータを用いて解析を進めることとする。

3）漢方薬の利用方法に対する意識

漢方薬を利用したことがあると回答した消費者のうち、漢方薬、西洋薬の利用意識について聞いたところ、両方の薬をバランス良く利用したいとの意向が最も多く、65.9%であった。次いでできるだけ漢方薬を使いたいとの回答が13.0%、できるだけ西洋薬を使いたいとの回答が11.9%となっていた（表Ⅰ-3）。これらの結果から、消費者は漢方薬のみの処方よりも、西洋薬とのバランスの良い利用を志向していることが明らかとなった。その背景には、一般診療においても西洋薬と漢方薬の併用処方が浸透してきており、多くの消費者が漢方薬との併用処方のメリットを理解しているためと考えられる。

表Ⅰ-2　漢方薬の利用状況

漢方薬の使用状況	人数	回答比（%）
日常的に使用している	88	8.8
たまに使用している	152	15.2
使用したことはある	299	29.9
知っているが使用したことはない（今後、使用してみたい）	91	9.1
知っているが使用したことはない（今後、使用したくない）	110	11.0
知らない	260	26.0
合計	1,000	100.0
使用経験あり	539	53.9
使用経験なし	461	46.1
合計	1,000	100.0

インターネット調査より筆者作成

表Ⅰ-3　漢方薬の利用意向

	人数	回答比（%）
両方の薬をバランスよく利用したい	355	65.9
できるだけ漢方薬を利用したい	70	13.0
できるだけ西洋薬を利用したい	64	11.9
どちらの薬も飲みたくない	50	9.3
合計	539	100.0

インターネット調査より筆者作成

4）漢方薬に関する意識

ここでは、消費者の漢方薬と生薬原料産地に関する意識について整理する。漢方は、江戸期に日本にて発展を遂げたが、消費者の多くは中国が発祥だと考えていることが明らかとなった。表Ⅰ-4に示すとおり、漢方発祥の地は中国だと思っている消費者が85.7%に上る。次いで日本が10.8%、韓国、台湾がそれぞれ1.7%であった。

5）漢方生薬の利用意向

では、どこの原料生薬を用いた漢方薬の効果が高いと感じているのであろうか。最も効果が高いと思う原料生薬の原産国を聞いた。その結果、中国が最も高く53.6%であった。次いで日本が36.2%、台湾が5.6%、韓国が2.6%との結果であった（表Ⅰ-5）。ここで中国の原料に対する期待が高いのは、中国発祥の医薬であるとの認識が高いからであると考えられる。

一方で、消費者自身が利用したいと考えている生薬原料の産地は、日本が72.9%と最も高く、次いで中国18.9%、台湾5.8%、韓国1.9%となっている（表Ⅰ-6）。では、なぜこれらの国の生薬を原料とした漢方薬を利用したいと考えているのであろうか。国ごとに理由を複数選択で聞いた（表Ⅰ-7）。その結果、日本産を利用したいと考えている消費者は「安全だと思うから」が最も多く86.8%に上る。次いで「品質が高いと思うから」が48.9%であった。中国産を利用したいと思う消費者は「歴史があると思うから」が最も多く56.9%、次いで「効果が高いと思うから」が50.0%、「生産国のイメージが良いから」が33.3%に上っている。

6）まとめ

全国の消費者調査によって漢方薬や漢方薬原料生薬に対する意識が明らかとなった。漢方は依然中国を起源とする治療であるとの認識の元、中国産原料に対する効果や効能に対する期待が

表Ⅰ-4　漢方発祥の国に対する意識

	人数	回答比（%）
中国	462	85.7
日本	58	10.8
韓国	9	1.7
台湾	9	1.7
その他	1	0.2
合計	539	100.0

インターネット調査より筆者作成

表Ⅰ-5　漢方生薬の原産国への期待意識

	人数	回答比（%）
中国	289	53.6
日本	195	36.2
台湾	30	5.6
韓国	14	2.6
その他	11	2.0
合計	539	100.0

インターネット調査より筆者作成

表Ⅰ-6　生薬原料の産地による利用意向

	人数	回答比（%）
日本	393	72.9
中国	102	18.9
台湾	31	5.8
韓国	10	1.9
その他	3	0.6
合計	539	100.0

インターネット調査より筆者作成

表Ⅰ-7　国別の生薬原料の産地による利用意向

	日本	中国	台湾	韓国	その他	合計
人数	393	102	31	10	3	539
安全だと思うから	86.8	6.9	61.3	0.0	33.3	68.3
品質が高いと思うから	48.9	18.6	41.9	30.0	33.3	42.3
歴史があると思うから	5.6	56.9	22.6	50.0	0.0	17.1
生産国のイメージが良いから	29.5	33.3	45.2	30.0	0.0	31.0
効果が高いと思うから	14.5	50.0	9.7	40.0	0.0	21.3
価格が安いと思うから	5.9	9.8	16.1	20.0	0.0	7.4
生産国を応援したいから	10.2	2.0	16.1	10.0	0.0	8.9
その他	0.5	0.0	0.0	0.0	33.3	0.6

インターネット調査より筆者作成

高い一方、その安全性を危惧し、日本産の生薬を用いた漢方薬の処方を希望する声が多く寄せられた。現在の日本薬局方では、原産国の指定は無く、薬への原料産地の明記は必要ないが、これらの消費者の声を受けて、自由診療を中心とする漢方薬局などでは積極的に日本産生薬が利用されることを期待する。

第2章　地域文化力と薬草栽培：特産園芸作物

1．文化的財産である生薬（生薬遺産）：種苗を守り続ける

生薬は現代医療の第一線で用いられる医薬品であるとともに、先人たちの歴史的な努力の中で育まれてきた文化的財産である。植物・動物・鉱物の天然品を原材料とする生薬は、人類が外傷や疾病と戦ってきた長い歴史の中で蓄積した知識の集大成である。独自の文化圏の中で長年の経験をもとに、気候風土、食生活および民族の体質などに適した形となって受け継がれてきた。

特に日本最古の朝廷が置かれた地・大和（現在の奈良県）はシルクロードの終着点として、6世紀ごろ、医術や仏教など、大陸からの文化が流入していた。病魔から身を守る神への祈りと薬を大切に思う願いは、大神神社や狭井神社などの祭礼として今も残る。飛鳥時代、朝廷は大陸から医術や仏教の伝来を進め、薬草は民を養う要物として採薬や栽培が始まった。日本書紀には推古天皇が大陸の行事に倣って宇陀や高取の地で薬猟を行ったと記されている。

多くの寺院では民衆を救済するために、「施薬」と呼ばれる中国伝来の治療薬の施しを行っていた。周辺では薬草も栽培されるようになり、『延喜式』（927年）では奈良産の38種の薬草が記されている。寺院の治療薬はやがて民間薬として広まり「陀羅尼助」や「三光丸」など近世中期に大和売薬として市場に出回るようになった。

また、中国伝来の薬が大変高価だったため、徳川吉宗は諸国に薬草栽培を奨励し、中でも奈良は重要な一地域とされた。宇陀の篤農家であった森野初代藤助通貞賽郭（以下賽郭、1690-1767）は幕府採薬使であった植村左平次の採薬調査に随行した後、貴重な薬草を拝領し、自宅裏山に薬草園を拓き栽培に努めた。以降、奈良では宇陀を中心に優良な薬草が栽培されるようになった。大和は歴史的要因だけでなく、地形や気候風土など環境要因に恵まれ、当帰、芍薬、牡丹皮など大和薬種と呼ばれる良質な生薬栽培の先進地であり、全国有数の産地としての地位を確立していった。明治以降、開拓政策のもと、北海道が薬草栽培の中心地となったが、今も奈良の薬種問屋が日本各地に種苗を供給している（図Ⅱ-1）。

図Ⅱ-1　大和薬種（当帰・芍薬・牡丹）

1）森野旧薬園と大和芍薬のルーツ

森野旧薬園（奈良県宇陀市：旧薬園）は、現存する日本最古の私設薬草園である。1729年に賽郭により創始され、8代将軍徳川吉宗が推進した薬種国産化政策の一端を担った。賽郭以降、子孫代々藤助を名乗り、初代の志を継いで家業の葛粉製造と薬園の維持・拡充に努力してきた。明治以降の近代化によって伝統的な和漢薬が衰退し、薬園が途絶する流れに抗し、旧薬園は森野家の努力により維持された稀有な存在で、1926年（大正15）に国の史跡指定を受けている。それは生薬殖産の象徴であり、地域の宝として住民と地域をつなぐ力でもある。

シャクヤクはボタン科ボタン属の多年草の総称で、原種は約30種あり、日本、中国、モンゴル、シベリア、朝鮮半島、ヨーロッパに分布する。園芸品種は現在3,000以上ある。栽培品種はアジア系とヨーロッパ系に大別できる。アジア系は通常シャクヤクといわれ、中国大陸の寒冷地に広く自生する種（*Paeonia lactiflora* Pallas）で、日本や中国の薬用品種の基原植物である。ヨーロッパ系は洋種芍薬（洋芍）と呼ばれ、南ヨーロッパに分布するオランダシャクヤク（*P. officinalis* L.）が基本的原種とされる。日本へは明治時代に移入・栽培され、薬用にも供されている。現在、日本では北海道、長野県、奈良県など、中国では四川省、浙江省、安徽省、江蘇省などで栽培されている。

奈良県産のシャクヤクが栽培種として確立されたのは、江戸時代の享保年間とされる。賽郭が遺した彩色図譜「松山本草」には、2種の野生種（ヤマシャクヤク、ベニバナヤマシャクヤク）と1種の栽培種（単弁赤花）、計3種のシャクヤクが描かれている（図Ⅱ-2）。また、3代藤助好徳が記した「大和国出産之薬種御尋ニ付奉申上候書付」によると、芍薬*は大和の気候風土に順応して当時宇陀地域では盛んに生産されていた。大和地方の自然環境が薬用芍薬の栽培、加工に適しており、現市場では「大和芍薬（通称）」として、品質的に高い評価を受けている。中でも収量が多い重弁白花青茎品種（梵天）は古くから最良の薬用品種として栽培され、今日まで伝承されているが、薬用種「大和芍薬」の正体はわかっていなかった。

そこで、畿内古文書・記録・図譜の解析および篤農家への取材調査によりシャクヤク品種の変遷を検証した結果、「大和芍薬」として現在実地臨床で汎用されている重弁白花の「梵天」とは異なる複数の系統が確認された。その中には前出の「松山本草」に描かれた単弁赤花の系統もあった。

（*生薬を指す場合は漢字表記とする。）

右：森野藤助賽郭翁像
中：松山本草図と大和シャクヤク
左：森野旧薬園内

図Ⅱ-2　森野旧薬園と大和芍薬のルーツ

2．サフラン：竹田式サフラン栽培の伝統

サフラン（学名 *Crocus sativus* L.）は、地中海沿岸を原産とし、インドに至る地域に現生するアヤメ科（Iridaceae）サフラン属（*Crocus*）多年草である。高さ15 cm程度に成長し、10～11月に紫色の花をつける。濃紅色の雌蕊は、古来、医薬品のみならず、香辛料として珍重されてきた。サフランは、1886年（明治19）に発令された初版日本薬局方から現行の第十八改正日本薬局方（JP18）に至るまで継続して収載されている(図Ⅱ-3)。うつ状態、ヒステリー、恐怖、恍惚、婦人閉経・産後の瘀血や腹痛など、駆瘀血作用を有する生薬として用いられてきた。

平成22年10月20日消食表第377号 消費者庁次長通知「食品衛生法に基づく添加物の表示等について」別添３の一般に食品として飲食に供されている物で添加物として使用される品目リストにおいて、サフラン色素は、サフランの「雌芯頭より、エタノールで抽出して得られたもの」と定義され、日本でも広く添加物(着色料)目的で使用される重要な色素である。サフランの雌芯柱頭は加工の煩雑さから高値で取引され、経済性の高い農作物であるが、現在は国内消費量の大半が輸入で賄われている。2017年のデータでは1,779 kgのサフランが輸入され、そのほとんどをスペイン産とイラン産が占めている。

一方、日本国内でもわずかに栽培が行われており、その８割以上を産出しているとされるのが大分県竹田市である。竹田市では、諸外国で一般的に行われている露地栽培ではなく、日本独自の手法である室内栽培が行われてきた。日本では、1886年頃、神奈川県の添田辰五郎氏がサフラン栽培を開始した。1903年に吉良文平氏が大分県竹田市の玉来地区に種苗を導入、その後室内栽培法を考案し、実践したとされる。天候に左右されず、かつ採取作業が容易で生産効率の高い本手法により高品質のサフランを供給してきたが、現在では農業従事者の高齢化や減少、また国産品に比べて安価な輸入サフランの流入により、一時期は500 kg近くあった生産量が近年では30 kg以下に激減している。地域の農業活性化や失われつつある農業技術の継承が喫緊の課題である。

1）サフラン栽培法記述の歴史検証

サフラン栽培方法記述について悉皆調査の結果、1904～2015年刊行の文献39件に当該記述を発見した。著者・編者の背景は、薬草・栽培研究会、農学関係者、医薬学関係者や公的機関・省庁などと広範囲にわたっていた(表Ⅱ-1)。

【基原】サフラン*Crocus sativus* Linné (Iridaceae)の<u>柱頭</u>(JP18)

【性状】細いひも状で,**<u>暗黄赤色～赤褐色</u>**. 長さ1.5～3.5cm, 3分枝する. 分枝する一端は広がり他方は次第に細まる.**<u>強い特異なにおい</u>**があり,味は苦く,唾液を黄色に染める.水に浸して軟化し,鏡検するとき柱頭の先端には長さ約150μmの多くの突起があり,少数の花粉粒を伴う.

サフラン栽培風景
右上：竹田式栽培法
右下：イランの露地栽培

- 硫酸を用いた定性確認試験 ●乾燥減量12.0%以下（6時間）
- 灰分7.5%以下 ● **<u>黄色部を10.0%以上含まない</u>**（純度試験）
- 成分含量の測定：**<u>クロシン</u>** ●貯法：密閉容器
- 保存条件：遮光

図Ⅱ-3　日本薬局方第18改正収載：サフラン（Saffron/CROCUS）

表Ⅱ-1　明治期以降のサフラン栽培記述

	書名	発行年	著者	雨天時[a]	花粉[b]	採取時期[c] 1日目	2日目	3日目	摘花[d]	黄色部[e]	露地／室内
1	薬用草木栽培法	1904	農学士　原田東一郎	—	—	—	—	—	—	—	
2	薬用サフラン栽培法	1911	伊藤寿男	○	○	—	◎	○	△	○	
3	薬用植物栽培及利用法	1911	宮下正男	○	○	—	◎	○	×	—	
4	培養詳説家庭の花卉果樹	1913	農学士　河南休男	—	○	—	○	○	—	—	
5	日本薬草採取栽培及利用法	1915	沖田秀秋著、白井光太郎校閲	○	○	—	◎	○	×	○	
6	実用薬草栽培法	1916	川村九淵校訂、薬草研究会編	○	○	—	○	○	—	○	
7	確実有利金儲策	1916	日下薙山	○	○	—	○	○	—	○	
8	薬用　サフラン培養法	1917	薬剤師　加藤忠左	○	○	—	◎	○	△	○	
9	薬草栽培と増収法	1917	農学士加藤孝三郎	—	○	—	○	○	×	—	
10	薬草売買取引法	1918	帝国薬草研究会	○	—	—	○	○	—	—	
11	重要薬草栽培と其販売法	1918	万代虎蔵	○	—	—	—	—	△	—	
12	一坪の庭で多く出来る薬草栽培の秘訣	1918	東京薬草栽培研究会	—	—	—	—	○	—	—	
13	農家副業　薬用植物栽培法	1919	農学士　岡村猪之助	○	○	—	◎	○	×	○	
14	薬草と毒草の図解	1919	竹生太一	○	—	—	○	○	△	—	
15	実地　薬用サフラン栽培法	1919	有賀正三	○	○	—	◎	○	×	○	
16	実験　薬用サフラン栽培法	1919	平川全篤	△	—	—	○	○	○	○	露地
17	知事や大臣の収入よりも多い実験栗の栽培	1920	田原郷造	○	○	—	○	×	×	—	
18	文化農村青年利殖策	1922	遠藤雨寛	—	○	—	◎	○	—	○	
19	薬草栽培法	1925	農業教育会	○	○	—	○	—	△	○	
20	農界四大富源	1925	蘇華山人	○	—	—	◎	○	—	○	
21	薬草サフラン栽培法	1926	田園学人	○	—	—	—	—	○	○	
22	収益増大　サフランと黄蓮の栽培	1926	中岡朝一	—	—	—	○	—	○	○	
23	田園趣味家庭園芸詳説	1926	植田善蔵	—	—	—	—	—	—	○	
24	家庭副業案内	1927	商店界社	○	○	—	○	—	○	○	
25	綜合的農業経営と水田裏作	1931	新潟県農事試験場佐渡分場	○	○	—	—	—	○	○	
26	誰にも出来る薬草栽培と薬草療法	1934	家庭医学研究会	○	—	—	—	—	—	—	
27	さふらんノ栽培	1934	刈米達夫	—	○	△	○	—	○	○	
28	薬用植物栽培法	1937	刈米達夫	○	○	—	—	—	○	○	
29	薬草の利用と栽培法	1941	谷本亀次郎	○	—	—	—	—	—	—	
30	サフランの籠栽培に就いて	1944	末松正雄	○	—	—	—	—	○	—	室内
31	薬用サフランの栽培法	1950	高原良樹	○	○	○	○	—	○	—	露地
32	薬用植物栽培法（4）	1950	神尾信治	△	—	○	—	—	○	○	露地 室内
33	薬用サフランの栽培	1951	田窪正雄	○	○	○	—	—	○	—	露地
34	新しい薬用植物栽培法	1970	日本公定書協会	○	—	◎	○	— ○	○	○	露地 室内
35	薬用植物栽培全科	1972	藤田早苗之助	○	—	◎	○	— ○	○	○	露地 室内
36	薬用植物　栽培と品質評価 Part 4	1995	厚生省薬務局	—	○	◎	○	×	—	○	室内
37	新しい薬用植物栽培法 採収・生薬調製	2002	佐竹元吉・飯田修・川原信夫	○	—	◎	○	×	○	○	室内
				○	—	◎	○	△	○		露地
38	株式会社栃本天海堂創立60周年記念誌	2010	株式会社栃本天海堂	—	—	—	—	—	○	—	室内
39	大分県竹田市におけるサフラン栽培の調査報告	2015	渥美聡孝ら	—	○	開花直前	—	—	○	○	

[a] 雨天時の品質劣化についての記述あり：○、一部：△、なし：—　[b] 花粉付着による品質劣化についての記述あり：○、なし：—　[c] 採取時期について最適と記述：◎、適当：○、採取可：△、不適：×、記述なし：—　[d] 摘花後の収蕊について、適切と記述：○、可能：△、不適：×、記述なし：—　[e] 黄色部（又は白色部）の混入を避ける旨の記述あり：○、なし：—〔髙浦ら、薬史学雑誌、54(1)31-38（2019）を改変〕

サフランは食品としても用いられるが、今回調査した全てにおいて薬用としての記述があり、日本では薬用サフラン生産に重きを置いた資料が大半であった。

サフランは最終的に雌蕊部分のみを利用するが、その収穫の方法は、1925年頃までは摘花をせず畑で直接収蕊することが推奨されていた。しかしそれ以降では作業効率を重視し、摘花した後、屋内で収蕊するとの記述が主流となる。また、収穫の時期については、かつては収量の観点から開花２日目～３日目の収穫が推奨されていたが、現在は後述の花粉付着を避ける目的から、開花当日又は開花直前の収穫が良いとされている（図Ⅱ-4）。

また、サフランの品質を左右する作業工程について、雨天時の収蕊作業や収蕊時の柱頭への花粉付着を挙げている文献が過半数見られ、これらの要因が経験的にサフラン品質を低下させると考えられていたことを明らかにした。この雨天時の作業や花粉付着を避けるべきとの記述は平成以降の文献にも散見され、現在に至るまでの共通認識であることがわかる。

加工・選別については、雌蕊基部の黄色・白色部位の除去が高品質性の獲得に必要であるとされた。現行の日本薬局方（第十八改正）においても、生薬としてのサフランの性状として、「花柱の黄色部10.0％以上を含まない」ことが純度試験の項に明記されている。

2）竹田式栽培法の利点

1940年以前の資料では、国内の主要サフラン栽培地は神奈川県、兵庫県、佐賀県、広島県などが挙げられ、大分県に関する記述はほとんど見られない。昭和の初め頃、兵庫県氷上郡和田村（現：山南町）では薬用サフランが盛んに栽培（露地栽培）され、一時は生産量が全国の約８割を占めたとされている。寺院を中心に大規模栽培を開始し、明治43年には大阪衛生試験所より局方適合品の報告を得ているが、現在では産地として知られていない。球茎を腐敗させる病害が蔓延して数年でサフラン栽培が全滅したとされ、複数の文献にその旨が記載されていた。終戦後にもサフラン栽培復興の動きがあったが、このときも約半数が腐敗している。また、日本におけるサフラン栽培導入の地ともされ、主産地であった神奈川県についても、同様の腐敗病

図Ⅱ-4　竹田式サフラン栽培：篤農家（故）渡部親雄氏による技術指導風景
上左図：サフラン花容　中：竹田式栽培（開花時）・雌蕊柱頭　上右・下：渡部氏による篤農技術指導と夫妻

の影響で栽培が減少していったとされる。このように、欧米諸国や導入直後の日本で行われていた露地栽培は大規模栽培が可能である一方、病害で全滅するリスクをはらんでいた。

1950年代から60年代にかけて竹田式の栽培方法や露地栽培法との比較に関する研究結果が多く報告されている。室内栽培の利点としては①天候・時間に左右されず採花作業が能率的に行え、②土地の利用期間を短縮し、水田裏作として栽培が可能であり、③病害の発生が少なく、④植え付け前に側芽を摘むことで、分球することを防ぎやすいことなどを挙げている。竹田式は、これらの利点を備えたことで、竹田市を随一のサフラン栽培地に押し上げたと考えられる。

3）大分県竹田市サフラン栽培の歴史検証

吉良文平氏は1910年前後に竹田式を考案・実践したとされるが、竹田式の文献初出は1944年である。竹田式が多くの利点を備えた栽培方法であるにも関わらず、その詳細が活字化・周知されるまでに30年以上が経過していた。

竹田市農政課所蔵の吉良氏子孫の資料から吉良文平氏の足跡と竹田式開発の経緯を検証した。1986年に吉良文平氏の孫、禎一氏が記した「吉良文平略伝」によると、吉良文平氏は1861年（文久元年）に誕生し、1882年に家督を相続した。その後、1889年には養蚕を開始している。1903年に、添田辰五郎氏から球根の分譲を受け、栽培を試みたが病害や枯死により数年で消滅してしまった。1906年、1907年には大量に球根を購入して栽培の研究に本格的に着手している。1908年には「帝国実益蜂起之原文」と題するパンフレットを作成して、サフラン栽培の啓蒙活動を開始した。さらにそこから数年後、たまたま植え残りの球根に花が咲いていたことから着想し、養蚕で使用した「バラ」を利用して竹田式を開始したという。このように、吉良文平氏は竹田式の開発者として知られ、その邸宅の庭先には「吉良文平翁頌徳碑」が建てられ、今でもその功績が顕彰されている（写真Ⅱ-1，2）。

さらに竹田のサフランや竹田式を取り上げた新聞や雑誌記事計13件を発見した。このうち、年代の判明している記事は12件で、1953年が4件、1954年が3件、1955年が2件、1964年が3件と10年以上にわたっており、大分新聞、大分合同新聞などの地方紙の他、朝日新聞、読売新聞、日本経済新聞なども見られた。サフランの球根分譲や竹田式の紹介、副業として推奨する内容で、いずれも前述の栽培法初出の資料より後に掲載されたものであった。

写真Ⅱ-1　大分県竹田市玉来地区

写真Ⅱ-2　吉良文平翁頌徳碑

また、大分県公文書館所蔵の公文書資料約42,000点、行政資料約25,000点より、「昭和31年度農村工業一件綴」として、1956年４月～６月の８件の文書類を発見したが、前述の新聞記事類同様、室内栽培初出文献より後の文書である。富山県へのサフラン種球の分譲に関して、「玉来サフラン生産組合長」として吉良文平氏の養子である吉良保氏の氏名が宛先に見られる。これは、吉良氏子孫がサフラン栽培やその種苗の普及に尽力したことを示している。

1977年には「竹田市サフラン生産出荷組合」が結成され、生産振興により力が注がれるようになった。この組合での活動により、1977年の組合結成当初10 haであった栽培面積がわずか３年で２ ha拡大し、生産者も300名を数え、1984年には花芯生産量が250 kgに到達したとされる。同組合が結成されたことで、サフラン栽培面積や生産量など詳細なデータも集約されるようになり（図Ⅱ-5）、より戦略的な生産振興が行えるようになったものと考えられる。

また、我々はこの「竹田市サフラン生産出荷組合」でかつて組合長を務めた渡部親雄氏に2015年度以降、継続的に竹田市におけるサフラン栽培や竹田式の栽培手法の詳細などにつき聞き取り取材を行ってきた。渡部氏はサフラン農家としては３代目だが、先代より受け継いだ際は栽培暦もない状態で各家それぞれの方法でサフランを栽培していたという。渡部氏は2004～2014年にかけて組合長を務め、生産者や行政と協力してサフラン栽培に関する情報を蒐集・体系化し、サフランの栽培暦を作成するとともに、栽培講習会を行ってきた。このように、渡部氏は秘匿される傾向にある地域特有の栽培手法を、内外の生産者に対して発信し、広く生産振興および栽培技術継承を行うための活動に貢献してきたことを、これまでの聞き取り調査で確認した。

これらの資料と取材結果より、1910年頃に開発された竹田式は、吉良文平氏が発案した後、種球提供に協力した子孫と玉来地区の生産者・農協関係者の栽培技術改良により確立され、竹田市内外に広められたことを明らかにした。

こうした地域連携で隆盛を極めた竹田市のサフラン栽培であったが、花芯価格の低下と円高などの影響で安価なスペイン産サフランの輸入量が増大したことにより生産量が大幅に減少し、1992年には生産量が100 kgを下回り、近年ではわずか30 kg程度となっている（図Ⅱ-5）。文献により量や年代がまちまちであるが、昭和初期には日本国内で少なくとも最大5,000斤のサフランが生産されていたと考えられ、これは１斤＝600 gで換算すると3,000 kgと、現在の年間輸入量を上回る。即ち、かつてと同様の規模で栽培を行うことができれば、国内におけるサフランの自給も可能であると考えられる。竹田市で考案され、培われてきた竹田式は、当時の露地栽培の欠点を補い、かつ水田裏作が可能で土地利用効率を最大限に引き上げる手法として、考案者の子孫や地域の農業技術者たちに培われてきた篤農技術である（図Ⅱ-6）。今後、安全で高品質な国産サフランの安定供給のため、これらの技術の記録・保存と維持・継承が必須であると考える。

以上、明治期以降のサフラン栽培方法の文献調査により、栽培・収穫方法が年代を経ることで改良されたことを確認した。品質保持については、現代の知見と共通する記述が多く見られ、

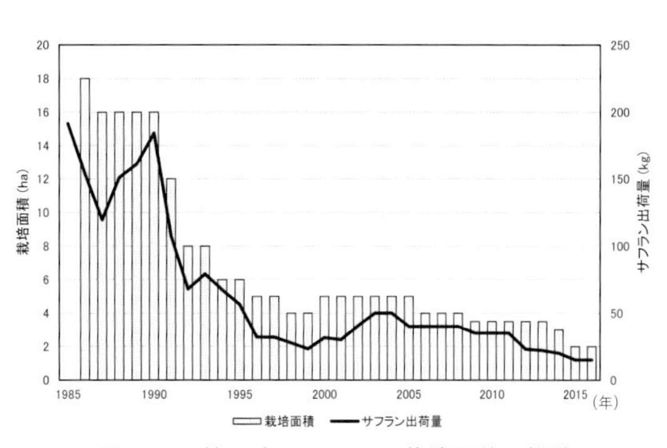

図Ⅱ-5　竹田市のサフラン栽培面積の推移

図Ⅱ-6　栽培年表

導入初期から品質について適切な認識がなされていたと考えられる。一方で、病害に弱く、天候に品質が左右されやすい露地栽培の欠点を補い、さらに土地利用効率を高める手法である竹田式が、明治期に考案されたのち、考案者の子孫や地域の農業技術者によって確立・周知されたことを明らかにした。

サフランの収蕊作業は繊細ではあるが身体的負担が少なく、指先の刺激を通じて運動・認知機能の活性化を期待できること、またサフランは食品であるため誤飲しても問題ないことなどから、障がい者・高齢者を対象としたアグリセラピーへの応用も視野に入れることができると考えられる（写真Ⅱ-3）。

写真Ⅱ-3　サフランの収蕊作業

3．機能性素材としての薬用植物・作物

1）農業生産者のニーズ

（1）調査の概要

薬用作物の生産振興を進めるにあたり、国内の農業生産者がどのような認識を持っているのかを把握するとともに、生産振興を進める上での課題を明らかにするため、株式会社楽天リサーチの農業者モニターに対し、インターネット調査を実施した。主な調査項目は、経営の概況（主な作目、売り上げ規模、従業員数など）、6次産業化の状況、薬用作物に関する認知および関心、機能性農産物に関する認知および関心、生産に必要な情報などである。調査は平成26年2月に実施し、500名の回答を得た。回答者の86.4%が家族経営、8.6%が法人経営、5%が任意組合などであった。回答者の農業経営形態を図Ⅱ-7に示す。土地利用型経営（水田作中心）が最も多く、43.4%、次いで土地利用型経営（畑作中心）が35%、野菜作経営が21.2%、施設園芸経営が13.8%と続く。また、これまで薬用作物栽培を行った経験がある農家は全体の3%であった。

（2）薬用作物栽培に対する関心とその理由

全回答者の内、薬用作物栽培に関心があると

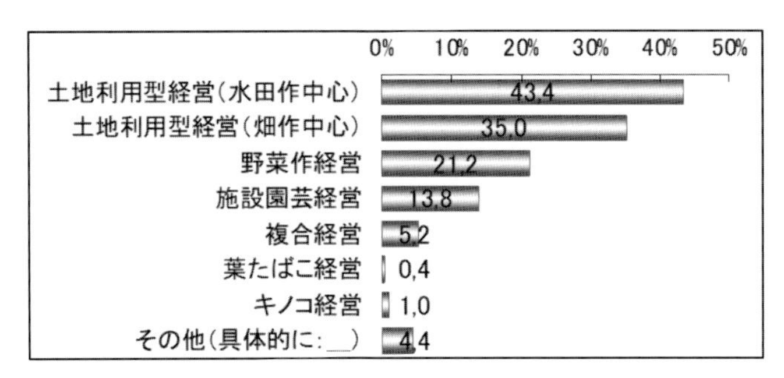

図Ⅱ-7　回答を寄せた生産者の農業経営形態

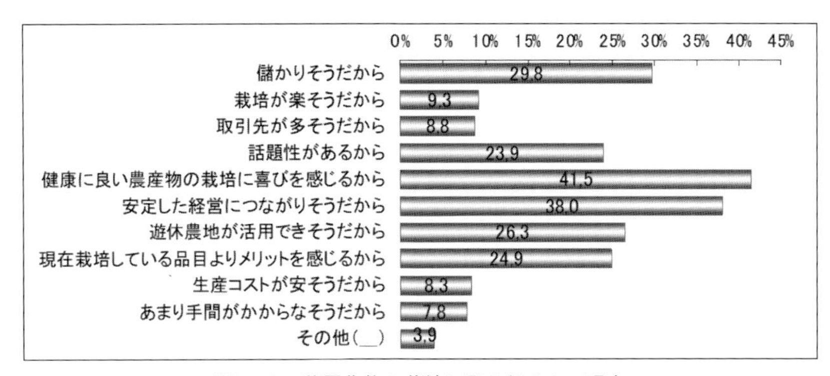

図Ⅱ-8　薬用作物の栽培に取り組みたい理由

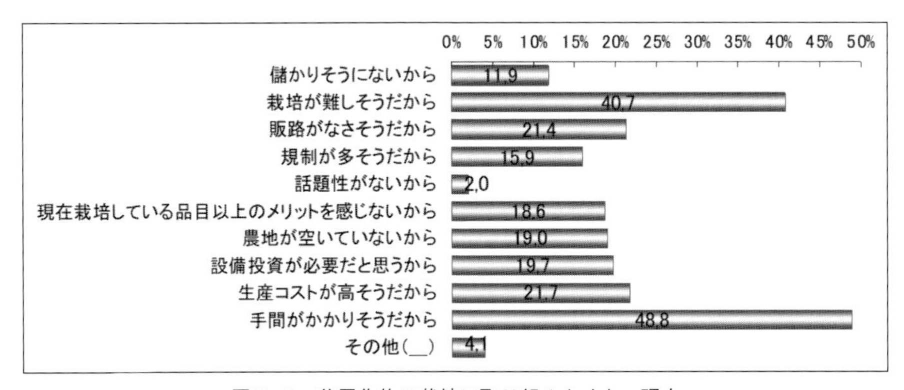

図Ⅱ-9　薬用作物の栽培に取り組みたくない理由

回答した生産者は41％、関心が無いと回答した生産者が59％であった。それぞれの回答者にその理由を聞いたところ、関心がある生産者は「健康に良い農産物の栽培に喜びを感じるから（41.5％）」「安定した経営につながりそうだから（38％）」「儲かりそうだから（29.8％）」「遊休農地が活用できそうだから（26.3％）」などの回答が多く選択された。これらの回答から読み取れる生産者の意識のうち、新しい高収入作物として、薬用作物に対する期待が高いことが読み取れる（図Ⅱ-8）。

一方で、取り組みたくないと回答を寄せた生産者は「手間がかかりそうだから（48.8％）」が最も高く「栽培が難しそうだから（40.7％）」「生産コストが高そうだから（21.7％）」「販路がなさそうだから（21.4％）」が上位に続いている。これらの結果から、栽培に対する不安や、販路に対する不安が、薬用作物栽培を躊躇させる要因になっていることが読み取れる（図Ⅱ-9）。

そこで、薬用作物を栽培する上で必要な情報についての意見を収集した。調査の方法は、こちらの提示する項目に対し全く必要ない 1、あまり必要でない 2、どちらとも言えない 3、やや必要な情報 4、とても必要な情報 5 について選択することとし、平均評価得点を算出してランキングを付けた。その結果、薬用作物栽培を進める上で必要な情報として、「栽培マニュアル(4.70)」「買い入れてくれる企業や業者の情報(4.61)」「種子の入手方法や購入先の情報(4.56)」「取引価格に関する情報(4.52)」「企業や業者との契約栽培条件に関する情報(4.45)」「薬用作物の種類や品種に関する情報(4.45)」「種子の価格に関する情報(4.44)」「収穫後の調整作業に関する情報(4.44)」「利用できる農薬に関する情報(4.39)」「薬用作物の産地に関する情報(どこで生産できるか)(4.35)」などが高く評価され、重要な情報として認識されている(表Ⅱ-2)。

同様の手法で評価した薬用作物栽培に感じる魅力では、「農業所得の向上に役立つ(4.48)」「高い所得を得ることができる(4.26)」「契約栽培による所得の安定が図られる(4.26)」「国産生薬の自給率向上に役立つ(4.16)」などが高く評価されている。これらの結果からも明らかなように、生産者の多くは薬用作物が高収益作物であるとの認識を持っており、これらを魅力に感じている状況が明らかとなった(表Ⅱ-3)。

薬用作物栽培に対する課題としては「収穫物を出荷できる市場がない(4.50)」「種子の確保が難しい(4.48)」「知識が全くない(4.42)」「栽培技術を相談できる先がない(4.37)」「栽培方法などのマニュアルが少ないか全くない(4.30)」「契約栽培の相手先を見つけるのが難しい(4.29)」「栽培方法が難しい(4.26)」などが高く認識されている(表Ⅱ-4)。

多くの生産者は出荷先・販売先に対する不安および栽培方法や種子などの購入を課題として認識しており、これらの整備が薬用作物栽培の生産振興において重要であることが明らかとなった。

表Ⅱ-2　薬用作物栽培を進める上で重要な情報

項目	平均評価得点
13. 栽培マニュアル	4.70
5. 買い入れてくれる企業や業者の情報	4.61
9. 種子の入手方法・購入先の情報	4.56
15. 取引価格に関する情報	4.52
6. 企業や業者との契約栽培条件に関する情報	4.45
4. 薬用作物の種類や品種に関する情報	4.45
8. 種子の価格に関する情報	4.44
12. 収穫後の調整作業に関する情報	4.44
14. 利用できる農薬の情報	4.39
1. 薬用作物の産地に関する情報(どこで生産できるか)	4.35
11. 薬効成分の含有量情報	4.22
10. 薬効成分に関する効果効能情報	4.20
3. 薬用作物の生産量に関する情報	4.17
7. 生産履歴(トレーサビリティー)の情報	4.17
17. 品種の開発期間や開発者に関する情報	4.00
2. 薬用作物の生産者に関する情報	3.91
16. 薬膳料理レシピに関する情報	3.85

※薬用作物の栽培に関心がある、やや関心があると回答した生産者205名の集計。
※全く必要ない1、あまり必要ない2、どちらとも言えない3、やや必要4、とても必要5の平均評価得点を算出。

表Ⅱ-3　薬用作物栽培に感じる魅力

項目	平均評価得点
2. 農家所得の向上に役立つ	4.48
9. 高い所得を得ることができる	4.26
5. 契約栽培による所得の安定が図られる	4.26
6. 国産生薬の自給率向上に役立つ	4.16
8. 生薬の禁輸に対抗できる	4.14
7. 漢方薬の供給に役立つ	4.08
10. 生薬原料は輸出の戦略品目になる	4.01
1. 遊休農地の解消に役立つ	3.98
3. 薬膳料理などの6次産業化に役立つ	3.89
4. 薬草園などの観光事業が展開できる	3.43

※薬用作物の栽培に関心がある、やや関心があると回答した生産者205名の集計。
※全く魅力的でない１、あまり魅力的でない２、どちらとも言えない３、やや魅力的４、とても魅力的５の平均評価得点を算出。

表Ⅱ-4　薬用作物栽培の課題

項目	平均評価得点
12. 収穫物を出荷できる市場がない	4.50
3. 種子の確保が難しい	4.48
5. 知識が全くない	4.42
6. 栽培技術を相談できる先がない	4.37
2. 栽培方法などのマニュアルが少ないか全くない	4.30
4. 契約栽培の相手先を見つけるのが難しい	4.29
8. 栽培方法が難しい	4.26
10. 栽培に3～5年かかる物があり、圃場の利用効率がわるい	4.10
11. 収穫後に乾燥調整などの手間がかかる	4.07
9. 手作業が多く、機械化が進んでいない	3.90
7. 近くで栽培している人がいない	3.72
1. 登録農薬が少ないか全くない	3.67

※薬用作物の栽培に関心がある、やや関心があると回答した生産者205名の集計。
※全く深刻でない１、あまり深刻でない２、どちらとも言えない３、やや深刻４、とても深刻５の平均評価得点を算出。

第3章　薬用作物の栽培・生産研究：生薬の国産化を志向して

1．漢方生薬の国産化

漢方薬が保険診療の対象となって50年になり、国民医療の一端を担うようになって久しい。その間、多くのエビデンスが示されるなどして漢方薬の使用は増え、それに伴って生薬の使用量も増加した。一方、国内で必要な漢方生薬の約90%を輸入品に依存しており、安定供給のためには国産化が必要とされるが、思うようには進んでいない。生薬の国産化に関する問題点を考えたい。

1）麻黄

漢方生薬「麻黄」は葛根湯をはじめとする重要な漢方薬に配合されている。麻黄はマオウ科のシナマオウなどの茎で、日本には野生品がなく、現在は中国から年間約600tを輸入している。一方、中国では有用植物の資源確保や砂漠化防止を理由に1999年から麻黄の輸出規制を始めた。

原植物のマオウ属植物は日本には自生しないが、平安時代には日本に渡来し栽培されていたと考えられる。漢方生薬として重要であるのみならず、含有成分のエフェドリンは西洋医学で喘息治療薬として利用されている。このエフェドリンの発見者は日本人研究者で、ドイツに留学経験があり日本薬学会の初代会長を務めた長井長義博士である。このようにマオウは日本にもゆかりのある植物であると言える。

現行の『第18改正日本薬局方』には麻黄の原植物として*Ephedra sinica*、*E. intermedia*、*E. equisetina*の3種が規定されており、国産化の対象はこれら3種に限られる。中国では1980年代から栽培が始まり、現地調査した結果、*E. sinica*が栽培されており（写真Ⅲ-1）、筆者らも本種を中心に栽培研究を開始した。近年は外国から種子を持ち込むことに国際的な制限があるが、マオウは重要かつ著名な薬用植物であることから日本各地の薬用植物園で栽培されてきたので、国産化研究に際してはこれらの株を利用した。とはいえ、原植物が野生する環境を知ることが重要であるので、栽培研究に先駆け、中国をはじめ、以前の輸入先国であったロシアやパキスタン、またその周辺諸国で調査を行い、植物学的な研究を行った（写真Ⅲ-2）。

写真Ⅲ-1　中国内蒙古自治区における麻黄栽培圃場

写真Ⅲ-2　トルコに野生する*Ephedra major*（= *E. equisetina*）

栽培研究に関しては種子生産方法の検討から始め、発芽特性などを検討し、また挿し木や株分けによる増殖方法を検討した。

次に日本薬局方では総アルカロイド含量（エフェドリンとプソイドエフェドリンの和）として乾燥重量の0.7%以上を含むと規定しているので、生産物の総アルカロイド含量を高める栽培法の検討を行った。

化学的研究の結果、エフェドリンやプソイドエフェドリンの含有量や含有比は種内でも変異が大きく、種間差以上に個体の遺伝的要因に支配されていることが明らかになった。

栽培研究においては、マオウ属植物は雌雄異株で風媒花であり、環境を整えることで大量の種子生産が可能になった（写真Ⅲ-3）。種子は休眠せず、発芽至適温度は20～25℃で国産種子の発芽率は約80％であり、国内での大量の種苗生産が可能となった（写真Ⅲ-4）。

写真Ⅲ-3　多数の毬果がついた種子生産用株

写真Ⅲ-4　マオウの実生苗

圃場栽培においては苗の植え付けから収穫までに約5年を要するが、それ以降は毎年収穫可能となる。医薬品である麻黄の栽培には本質的に無農薬での栽培が要求される。圃場管理で最も重要であるのは除草対策である。乾燥地に適したマオウの栽培はそれほど困難ではないが、雑草に覆われると容易に枯死する。中国の麻黄圃場における主たる有害雑草はアカザ科、キク科、イネ科などで、雨量が多い日本ではマメ科、ヒルガオ科、ヒユ科、カヤツリグサ科なども加わる。

生薬の国産化において考慮する必要があるのは、輸入品との価格競争である。日本では麻黄を含め主な生薬は医薬品として薬価基準が設けられている。流通価格がこれを上回るといわゆる逆鞘となる点も通常の農産物と異なる点である。

そのためには経費削減が重要課題となるが、麻黄栽培において最も経費を要するのは除草作業である。収穫も含め、機械化の導入が必要である（写真Ⅲ-5）。

今後は、品質面における輸入品との差別化も重要であろう。

写真Ⅲ-5　レーキを装着したトラクターによる除草

2）威霊仙

漢方生薬「威霊仙」の原植物として日本薬局方では3種を規定し、その1種キンポウゲ科の*Clematis chinensis*は日本にも先島諸島に分布している（写真Ⅲ-6）。筆者らは挿し木や種子繁殖により苗を生産し、北陸や関東地方で試験的に栽培した結果、自生地外でも正常に生育し、開花結実することが明らかになった。また、得られた種子は正常に発芽することから（写真Ⅲ-7）、本州で大量の種苗生産が容易に可能となり、現在栽培方法の検討に入った。ハバチ類による食害など解決すべき問題点はあるが、今後が期待される。

一方、近年、中山間地の荒廃、農作物の獣害、就農人口の減少や高齢化による耕作放棄地の増加など、農業分野における問題点が種々浮かび上がっている。

生薬の国産化においても共通する問題点である。薬用作物も換金作物に相違ないが、生産物は医薬品である。現時点では輸入品との価格競争で不利があるが、国民医療を支える上で非常に重要であることから、医薬業界の積極的な取り組みが必要である。

写真Ⅲ-6　サキシマボタンヅル　宮古島

写真Ⅲ-7　サキシマボタンヅルの実生

2．能登半島の海岸沿い砂地における薬草栽培の試み

農業の基本に「適地適作」があるが、筆者らが麻黄栽培を行っている土地は、能登半島の海岸沿いの砕けた貝殻が混じる砂地で、水はけが良い反面、肥料もちが悪く、地元の農家の話では通常の３倍の肥料が必要とされるという。

一方、中国各地で現地調査した際、砂漠地帯に生育するいくつかの植物種が見られた。砂漠地帯は降雨量が少なく、生育する草木が少ないため当然土地に供給される肥料成分も少ない。そうした環境でも育っている薬草として、麻黄の他、甘草、威霊仙、苦参などがあった（写真Ⅲ-8、9）。

写真Ⅲ-8　砂地に自生する威霊仙の原植物*Clematis hexapetala*　中国内蒙古自治区

写真Ⅲ-9　砂丘にはえる苦参の原植物クララ　中国内蒙古自治区

そこで、能登半島の砂地でこれらの植物を主体に無灌水、無施肥で数種の薬草の栽培を試みた。

その結果、比較的良好な生育を示したのは漢方生薬関連ではマメ科のクララ（苦参）（写真Ⅲ-10）、クワ科のマグワ（桑白皮、桑椹、桑葉）、キキョウ科のキキョウ（桔梗）、セリ科のボウフウ（防風）などであった。また、ハーブ類のローズマリー、サボンソウ、タイムなどもよく育った（写真Ⅲ-11、12）。一方、トウキ（当帰）、シャクヤク（芍薬）、ハトムギ（薏苡仁）などは栽培不適であることがわかった。また、中国では砂漠地帯に生える甘草の生育も芳しくなかった。土壌のみならず気象も影響しているものと考えられる。

写真Ⅲ-10　能登の砂地に植え付け開花したクララ

写真Ⅲ-11　能登の砂地で繁茂するタイム

まだ実験段階であるが、無灌水、無施肥の栽培は、それらに要する経費や労力が不要になるメリットは大きい。除草作業が必要であるが、無灌水、無施肥の土地は一般の農地に比べて雑草も少なくなる。今後の検討次第で、休耕地が増えつつある砂地の有効利用が可能になることが期待される。

写真Ⅲ-12　能登の砂地で大きく育ったローズマリー

3．野生資源の利用

生薬は元来天産物すなわち野生資源を採取して利用してきた。日本でも一昔前までは地方の小学校などで集められた野生のゲンノショウコやオオバコなどが集荷され、需要をまかなっていた時代があった。社会が豊かになり、また日中国交回復により安価な中国産が輸入されるようになるなどして、日本の野生資源は利用されなくなった。野生資源のみならず、薬用ニンジンやオウレンなど、かつては輸出もされていた優れた日本産生薬の栽培も、今では廃れてしまった。

先に述べたマオウを試験栽培する能登半島の海岸沿いの農地において、栽培放棄された土地には農地の雑草として知られるイネ科のチガヤやカヤツリグサ科のハマスゲが繁茂している（写真Ⅲ-13、14）。前者は漢方生薬「茅根」の、後者は「香附子」の原植物であるが、全く利用されることなく、生薬は中国産を輸入している。これらに限らず、クズ（葛根）やカラスビシャク（半夏）など、雑草として繁茂する野生薬用資源は数多い。収穫に要する人件費を考えると中国から輸入した方が安価であることが理由である。現状を見る限り、収穫方法の改善のみが課題であり、今後、それらに特化した機械を開発することで、これらの資源の利用を図ることは日本の漢方医療を健全に継続していく上でも重要であると考える。

写真Ⅲ-13　チガヤに覆われた栽培放棄地(前作はタバコ)

写真Ⅲ-14　ハマスゲに覆われた圃場

４．今後の展望

漢方生薬は本来野生品を採取し利用してきた。ハウスなどで促成栽培した野菜類はビタミン類などの栄養価値が低いことは周知の事実で、栽培生薬の場合も品質は野生品と大きく異なる。生薬の国産化に際しては、本来はより野生に近い状態で栽培すべきなのである。今後は、従来の農業技術とは異なる新たな栽培技術を開発する必要がある。

漁業分野では数年後の漁獲を目的に自然界に稚魚が放たれることがあるが、放流後の生育は全く自然任せである。薬草栽培においても、まだ積極的には行われていないが、そうした試みが可能であろう。

例えば、アケビ（木通）やツヅラフジ（防已）の蔓は他の樹木に高く這い上って成長する。それらの採集時には藪中に入り、蔓を引っ張って下ろすが限度があり、多くの部分が採りきれずに樹上に残ってしまう（写真Ⅲ-15）。

写真Ⅲ-15　防已の採集　四国

山地の林縁にこれらの植物を植えておけば、採集は容易になる。高木にならない樹種で構成される林縁ならさらに採集しやすいであろう。収穫には播種後数年以上を要するが、植え付け以外にはさほど管理を要せず放置できるので、試行する価値があると考える。山間部の水田放棄地にはススキなどが繁茂するが、やや湿った土地を好むキハダ（黄檗）苗を植え付けておけば、10年以上を要するものの、いずれ換金できる（写真Ⅲ-16、17）。放棄されたミカン畑なら日本薬局方収載のヤマザクラやカスミザクラを植え付ければやがて医薬品「桜皮」として出荷できる。何よりも、植え付け数年経過すれば花見の名所となろう。このように薬用植物には地味なものが多いが、観賞価値がある植物も少なからずある。

写真Ⅲ-16　キハダの樹皮を剥ぐ。四国

写真Ⅲ-17　キハダのコルク層を剥ぐ

写真Ⅲ-18　ヤンゴン伝統医学病院に設置されている薬草園。ミャンマー

筆者は「花と実の薬草園」構想を持っている。花や実に鑑賞価値がある薬草薬木のみを植え付け、四季折々年中いつでも楽しめる薬草園である。見るだけではなく、花や実の収穫や加工も楽しめる園である。娯楽、静養、教養、社会貢献、実益などキーワードの多い構想である。

インド伝統医学（アーユルヴェーダ）では身近に育つ薬草こそが治療に役立つとし、それぞれの病院が敷地内に薬草園を設置して実際の医療に供給している（写真Ⅲ-18）。そこまでではなくとも、日本の病院にも薬草園を設置すればどうかと思索している。実際、金沢大学の病院敷地内に薬学部が管理する薬草園があった時代には、入院患者さんの訪問が絶えなかった。見舞いに生花を持参できなくなった昨今、種々の貢献ができると考える。

第４章　篤農技術の収集とマニュアル化

1．竹田式サフランの室内栽培

II章で紹介した通り、大分県竹田市では1900年代初頭から竹田式栽培法、すなわち独自の室内栽培法が実践されてきた。我々は技術保存のため、竹田市のサフラン生産者、渡部氏への聞き取り調査を続けてきたが、その取材の過程では実際にサフランを開花させる室内環境についての言及が散見された。言語での記述や映像撮影により栽培技術の保存を試みてきたが、さらに室内環境についても後世に再現可能なデータとして客観的に記録することを目指し、検討を行った。

1）伝統的栽培環境：聞き取り記録から

取材を行った渡部氏宅の室（むろ）内部の様子を写真Ⅳ-1に示す。床面は土間になっており、小さな明り取りの窓があるのみで内部は薄暗い。室内部の壁沿いにはかつて養蚕で使用されていた棚が並び、棚の上には「バラ」と呼ばれる木製の大型のトレーが設置されている。この「バラ」にサフランを並べ、開花させるのだが、渡部氏に行った聞き取り調査の中で、このような室内部に関する項目は大きく分けて以下の４つであった。①棚の下部は湿度が高く、例年、下段のサフランから開花が始まる。②開花が遅い場合は水を張った洗面器などを棚の下に

写真Ⅳ-1　開花時の室（むろ）内部

設置すると開花を促進する。③サフランの生育には９月の気温や日照、10月の天候が大きく関係している。④棚に並べた後は日光に極力当てないようにする。

これらの情報を加味し、室内部の環境条件を記録するため、我々は渡部氏の協力のもと、データロガーを室内に設置した。今回使用したデータロガー（TR-74Ui、T&D Corporation）は室内の環境を記録できる装置で、付属の２つのセンサーにより、照度、UV、気温、湿度を任意の測定間隔で記録することができる（図Ⅳ-1・右）。データ回収は直接機械から行う必要があるため、装置内に記録できる容量とデータ回収での来訪頻度を加味して今回は15分間隔での記録を行うこととした。よりサフランの生育環境を現状に忠実に記録するため、サフラン球根を並べるバ

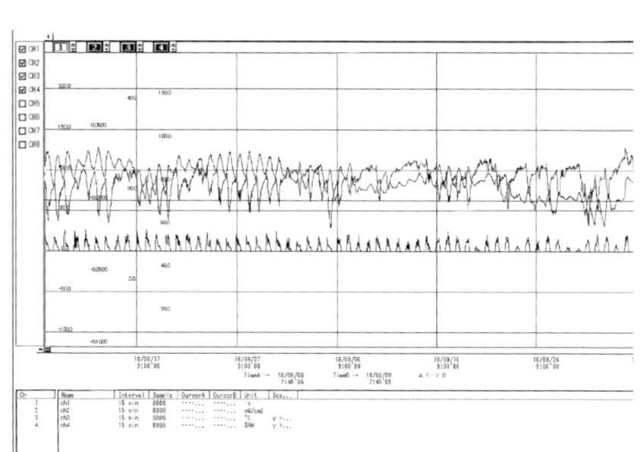

図Ⅳ-1　データロガー設置の様子（左）および記録されたデータの一例（右）

ラやそれらを配置する棚の複数個所にデータロガーを設置し、センサーが適切な角度を向くよう調整した（図Ⅳ-1・左）。データロガーの位置は、窓からの距離や地面からの高さなどを加味し、合計4か所に設置した（図Ⅳ-2）。これらの条件下で2018年3月7日から10月29日までの期間、データロガーを設置して環境データを収集し、総計22,863ポイント分のデータを得た。

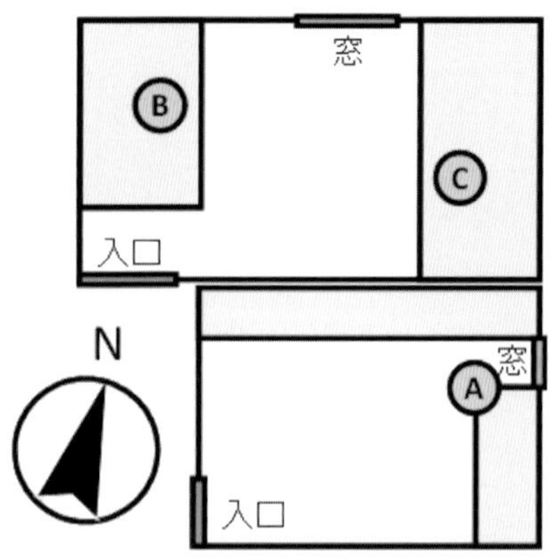

データロガー	壁からの距離(cm)		高さ(cm)
	右の壁	上の壁	
A	83	80	63
B	317	138	80
Ch(high)	70	179	126
Cl(low)	70	179	56

図Ⅳ-2　データロガー設置位置

解析においては、実際に得たデータのうち、室内にサフランが並べられた6月以降のものを使用した。なお、このうち室内のBに設置したデータロガーは途中で破損しており、残りの3か所のデータのみを解析に用いた。さらに、当該期間中の室外気温（竹田市）のデータを農研機構メッシュ農業気象データシステム（https://amu.rd.naro.go.jp/）より入手し、比較に供した。データロガー、メッシュデータシステムそれぞれのデータより検討期間中の各日における最高気温、最低気温を抽出し、その変化をグラフにしたものが図Ⅳ-3左側の折れ線グラフである。最高気温、最低気温ともに室内3か所のデータロガーの数値はほぼ同じ挙動で変化していた。一方、室外気温とデータロガーの気温を比較すると、最低気温はほぼ同じ挙動を示しているものの、最高気温については室外気温が高い数字を示す傾向が見られた。実際、期間内の各日の最高気温、最低気温の平均値を統計学的に比較したところ、最低気温では差は見られなかったものの、最高気温では室内のいずれの地点も室外より有意に低いことが明らかとなった。この結果より、伝統的な室内栽培に使用される室内部では、最低気温に変化はないものの最高気温

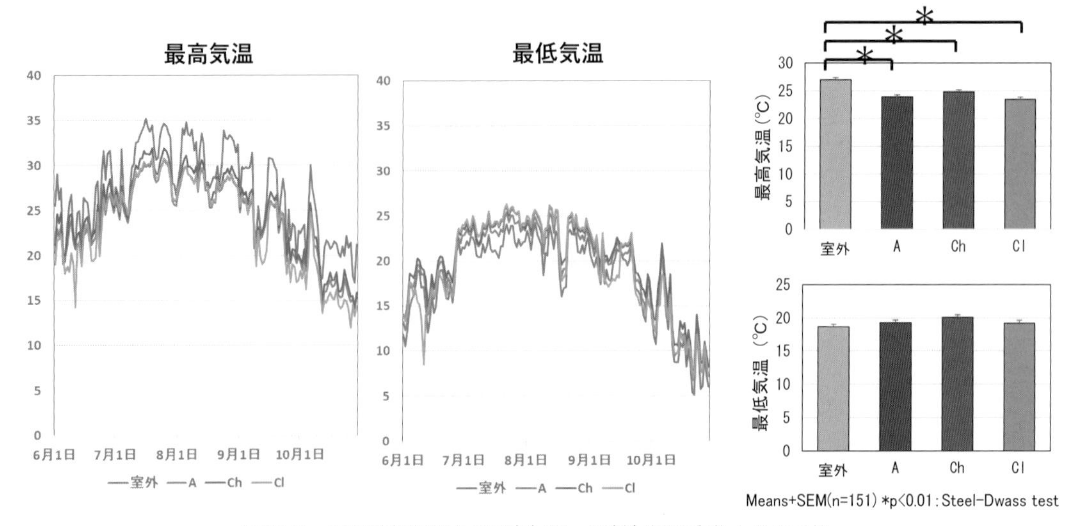

図Ⅳ-3　解析対象期間中の最高気温、最低気温の変化とその平均

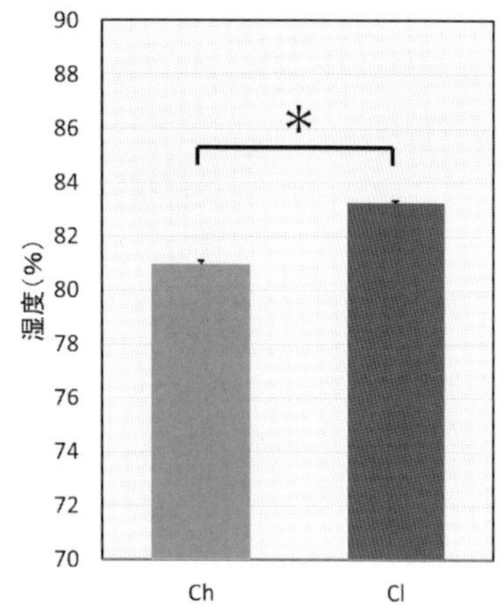

図Ⅳ-4　湿度比較用に設置したデータロガー（左）およびそのデータ比較（右）

が外部より低い、すなわち温度上昇が抑えられることが明らかとなった。

さらに、聞き取り調査で得られた情報のうち、湿度に関する①②の項目の検証を行うため、湿度についても比較を行った。窓からの距離は同じで、設置された高さの違うバラ上にセンサーを設置し、測定された湿度を比較したところ、下部に設置されたセンサー（Cl）の測定値が上部に設置されたセンサー（Ch）よりも有意に高いことが明らかとなり（図Ⅳ-4）、聞き取りで得た、①の棚の下部は湿度が高く、下段のサフランから開花が始まる、との情報を科学的に裏付けることができた。また、湿度が実際に高い下段から開花が始まることから、②の湿度と開花の関係についても間接的な根拠となりうると考えられる。

今回、伝統的な栽培環境にデータロガーを設置することで客観的に、数値で環境情報を記録することができた。今回得たデータは、これまでに示したような聞き取り内容の裏付けとなるのみならず、今後の伝統的技術継承においても有意義であると考えられる。調査の結果からは、サフランの開花においては一定の温度と湿度を維持するのに室の構造、特に土間が大きく関与していると考えられるが、新たにサフラン栽培を開始する場合は同様の環境を用意できない可能性もある。そうした場合、今回得たような数値データを利用すれば、人工的に伝統的環境に近づけることが可能である。映像や数値など多様な手法で、技術・環境など多角的なデータを記録していくことが、伝統技術保存に大きく寄与すると考える。

2．映像技術を用いた篤農技術継承への挑戦

1）篤農技術とは

農業において、長年の経験や勘に基づく優れた農業生産技術を持つ生産者のことを「篤農家」と呼び、彼らの技術を「篤農技術」と呼んでいる。それは優れた農産物の栽培を作物との対話により実現したり、「雨の匂いがする」など空気の匂いや空の色を見て天候を予測したり，土の味や香りで土壌の状態を把握するなど言葉では表現できないような経験や知識が高い農業生産性を生んでいる。近年、高齢化の波に押され、この篤農技術が失われようとしている。熟練の職人や農業生産者が持っている技や知識のことを「暗黙知」と言うが、この暗黙知を誰にでもわかる知識（形式知）として継承することが求められている。そこで誰でも見ればわかる映像

として記録するため、最新の映像技術「ウェアラブルカメラ」を活用して映像マニュアルの制作に挑戦している。

2）ウェアラブルカメラの活用による知の映像化

篤農技術を持つ篤農家の技術を最新の映像記録技術を用いて撮影し、視覚的なマニュアルを作成することを試みた。近年テレビ番組などで、体験者が小型カメラを付け、自らの視野映像を撮影し、視聴者が疑似体験できる視聴効果を狙った撮影方法が用いられている。撮影は使用するカメラの軽量化、高性能化、高画質化により実現可能で、ウェアラブルカメラとして複数のメーカーから製品が発売されている。

図Ⅳ-5は技術継承研究で実際にテストしたウェアラブルカメラで、いずれも市販されており入手可能だ。実際にテストを進める上で、作業者の意見などを参考にカメラ選定の基準として、以下の条件を設定した。

①軽量　②防水仕様　③広角撮影が可能　④高画質　⑤高音質記録が可能　⑥手ぶれ補正機能　⑦操作が簡単　⑧長時間記録が可能　⑨交換式バッテリー、マイクロSDカードなどのメディアに記録が可能　⑩防水リモコン　⑪映像確認ビュワーの設置

これらの条件は、自然を相手に作業をする農業者の作業環境を考えると、防水性・簡易操作性などの機能が必要不可欠となる。さらに、剪定などの作業では視認性を良くするため頭部の機敏な動きを伴う農作業であり、カメラのぶれが想定されるため手ぶれ補正機能が求められる。

また、熟練の技をもつ篤農家は高齢者であり、複雑な操作を依頼するのは難しいため、ボタン1つで撮影が開始・終了することができるなどの簡易操作性もポイントとなる。篤農技術の記録方法を以下に示す。まずウェアラブルカメラを用いて普段の作業の映像（作業記録・撮影動画データ）を撮影記録してもらう。次に、作業者にウェアラブルカメラの映像を確認してもらいながら、作業のコツやポイント、映像だけではわからないノウハウなどのインタビューを行い、映像と一致させる。その上で、映像編集の際に画面上に小さな画面を重ねるワイプやポイントなどのインタビュー内容を文字で見せるテロップ等を活用した編集手法を用いて、動画マニュアルの作成を行う。これにより、文字を中心にした作業マニュアルや教科書では伝わらない篤農技術のノウハウを視覚的にわかりやすく伝えることが可能となる。

名称	(A) HX-A100(Panasonic)	(B) FDR-X3000R(SONY)
有効画素数	132～280万画素	約818万画素
ブレ補正機能	電子式	光学式
本体等との接続	有線	無線
装着方法	ヘルメット・リュックサック	帽子・リュックサック
映像確認方法	スマートフォン	ライブビューリモコン
その他機能	防水・防塵・風音低減	防水・防塵・風音低減 耐衝撃

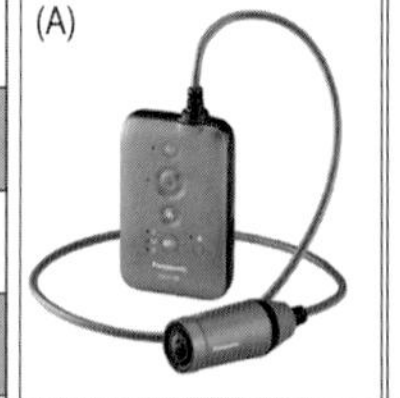

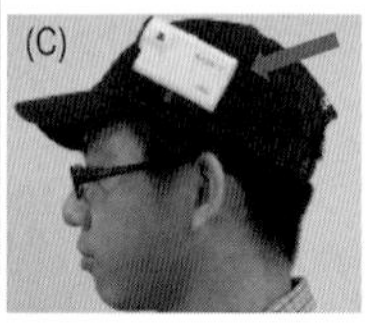

(A)：HX-A100(Panasonic)
(B)：FDR-X3000R(SONY)
(C)：帽子への装着 (B)

図Ⅳ-5　ウェアラブルカメラに関する情報

3）ウェアラブルカメラによる茯苓突きの映像化

茯苓の基原はサルノコシカケ科のマツホド *Wolfiporia cocos* Ryvarden et Gilbertson（*P. cocos* Wolf）の菌核である。通例、外層をほとんど除いたもので、古来、中国医学で繁用されてきた。『神農本草経』上品に茯苓・茯菟（フクト）の名で収載される。マツホドとはマツ属植物の根に付着して菌核を形成する菌類である（写真Ⅳ-2）。菌核とは、外界の厳しい条件に耐えられるよう菌糸が分化し硬い組織となったものである。日本では、アカマツ、クロマツ、中国では雲南松、馬尾松などの根に寄生し、地下20～30 cmの深さに産する。菌核の外層を剥ぎ、板状か小方形状に切断して乾燥したものが生薬「茯苓」である。菌核の中にマツの根を包んでいる「茯神」が賞用される。剥いだ外層は「茯苓皮」の名で別の生薬として使用されることもある。中国における主な産地は河北、河南、山東、安徽、浙江、福建、広東、広西、湖南、湖北、四川、貴州、雲南、山西などで、日本にも各地に分布している。

茯苓の性状は、その多くが不規則な塊状、球形、扁平形、長円形、長楕円形などで、大小種々ある。小さいものは拳よりも小さく、大きいものは直径20～30 cmか、さらに大きいものもある。表皮は淡灰褐色か黒褐色、こぶ状でしわが寄り、内部は白色でやや淡黄色を帯び、無数の菌糸からなる。生のものは微かなキノコ臭を持つ。

化学成分としてトリテルペノイドのエブリコ酸、パキマ酸、ツムロース酸、多糖体のパキマン、ステロールのエルゴステロールなどが含まれ、水製エキスには利尿、抗潰瘍、血糖降下、血液凝固抑制作用が知られている。漢方では利水消腫・健脾・安神薬とされ、性質は穏やかで、水分代謝異常の治療に多く用いられる。日本東洋医学会生薬原料委員会による調査では、漢方医が湯液用に使用する生薬使用量の第1位であるが、現在ほぼ100％が輸入品である。

写真Ⅳ-2　茯苓の基原植物・マツホド
茯苓の基原植物（上・中・下）、現市場品（右下）

茯苓は地中に産するため、採薬には、先に鉄棒がついた杖（探針）を地面に刺しながら探索する専門的な技術が必要である。中国では野生の茯苓は一般に7月から翌年の3月までに馬尾松林中で採取される。『中薬大辞典』には採集の概要が記されていて、茯苓の生えている地面には一般に以下のような特徴があるとされる。

①松林の木の株周囲の地面が割れていて、たたくと中が空洞のような音がする。
②マツの地面に白色の菌糸がある（粉白の膜か灰状をしている。）
③切り株が腐ったあと、黒紅色の横向きの亀裂ができる。
④小雨のあと切り株周囲の乾燥が早いか、草が生えていない。

日本でもかつては、秋から春にかけて「茯苓突き」という先端が尖った専用の鉄製器具でマツ

写真Ⅳ-3　茯苓突き
調査地：長野県上田市真田町傍陽中組　　調査時期：2014年11月
（A）（B）茯苓生育場所：松の倒木付近調査風景（→ウェアラブルカメラ装着時）（C）茯苓突き用杖
（D）茯苓発見場所（→）（E）掘り上げた茯苓

の根元や周辺の地面を刺して野生のマツホドを探して採取していた。当時は茯苓を専門に探して歩く「茯苓突き」という職人のいたことが、昭和９年発刊の「農業世界 ５月号」に記されている。本州中部、四国、九州などから産出したが、現在は中国産の栽培品が流通するようになり、職人も減って、野生品の採取はごくわずかとなった。

現在、東京農大・御影雅幸教授の協力を得て、その篤農技術について、ウェアラブルカメラを利用したマニュアル動画制作法で記録・映像化している。写真Ⅳ-3は2014年11月より、長野県上田市真田町傍陽での映像の一部である。作業者装着カメラや、生育環境などの情報を複数ツールで編集した茯苓突き映像を記録した。記録項目として、①樹木生育環境、②探す目安と茯苓突きを刺すポイント、③突く動作の速さや深さ、④茯苓発見時の感覚と確認方法、⑤茯苓掘り出し作業、⑥採取後の保存処理などに着目して検討している。採集時期は山野で行動しやすい秋～冬に限定されるが、複数箇所における撮影や連動ハンディカメラを活用することで情報蓄積を継続している。

3．生薬修治の伝統技術

1）シャクヤクの修治（加工）環境の可視化

近世、奈良は重要な一地域とされ、大和薬種と称される多くの優良生薬を栽培してきた。中でも芍薬は「広益国産考」（1844）において「大和吉野郡宇多郡より作り出せり」と記載され、当時から大和国吉野宇陀が主要な産地であることが知られていた。現在も大和地方で栽培・調製された芍薬は、大和芍薬（通称）として、他の国内産と区別して市場で取引され、県内複数の薬種問屋が日本各地に種苗提供や栽培指導をしている。

芍薬は、ボタン科ボタン属の多年生草本シャクヤク（*Paeonia lactiflora* Pallas）の根が薬用部位である。根は定植後4～5年目に収穫し、水洗いや皮去り、乾燥などの需要に即した調製を行う。乾燥は、各産地の立地や自然環境（気象）条件により、自然乾燥（天日干し・陰干し）や加熱乾燥で加工されている。芍薬の性状は、外面は淡赤色、内部は純白で光沢があり、菊花様の維管束の配列が明瞭なものが品質的に優れているとされる（図Ⅳ-6）。

薬種栽培適地における伝統的加工技術について、歴史考証から、屋外の天日乾燥作業は、直射日光を避けた日陰乾燥へと変遷しており、一因として最終加工品の五感による仕上がりを付加価値として重視したと考えられる。特に、奈良県では、冬季、屋外で直射日光を避け、自然風で時間をかけた乾燥法が伝統的に行われ、大和芍薬のブランド性は伝統と暗黙知に基づく品質で担保されている。

江戸時代、奈良は幕府直轄領で薬草栽培が奨励されていたので数多くの薬種商があった。大和（現奈良県桜井市）の福田本家には、1600年頃（宝暦年間：1751～63年頃）から、薬種を扱っていた記録が遺り、代々薬種商だったと伝わっている。当時、薬草は野菜など農作物と異なり、栽培が難しく失敗しやすいことから、現在と同じように、種苗供給から栽培や加工技術の指導に至る薬草栽培事業に関わっていたと思われる。現在の福田商店は本家 福田善右衛門からの分家筋にあたるが、明治以降も大和薬種の伝統を守り続ける生薬問屋である。

一方、屋外乾燥環境に影響を及ぼす当時の気象記録は気象庁等関連機関に保存されていない。そこで、生薬栽培加工に最適な大和地域の環境特性の数値化、特に、我が国の生薬栽培・加工技術指導の一端を担ってきた薬種問屋 福田商店の協力のもと、年間を通した気象環境の変化を記録した。

奈良県・福田商店と気象比較として用いた地点は、および各道県（北海道・新潟県・富山県・長野県）に存在する公的栽培研究機関である（図Ⅳ-7）。また、各地の気象データの入手に利用した農研機構メッシュ農業気象データ（The Agro-Meteorological Grid Square Data, NARO）は、気象庁の自動気象データ収集システム（通称アメダス）などの様々な気象データを、約1 km四方を単位に標高などを考慮しつつ補間して作成しているもので、アメダスよりも詳細な地域

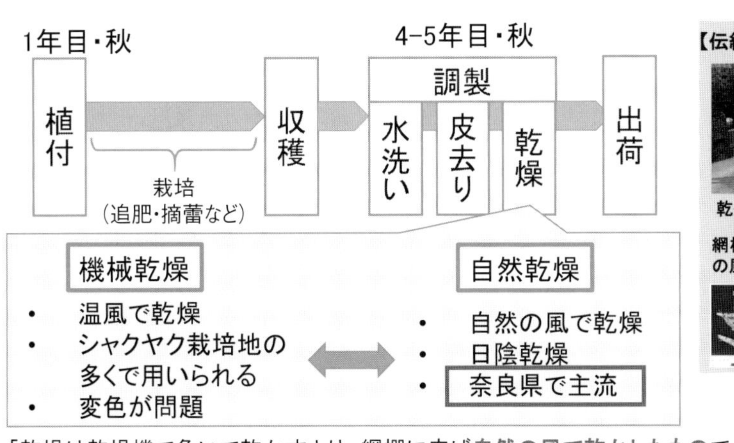

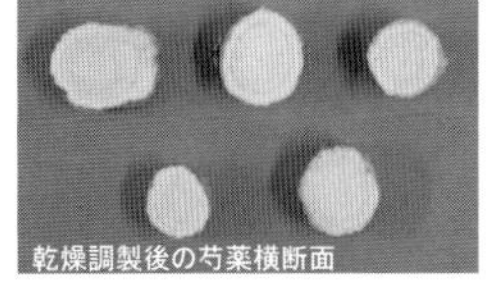

図Ⅳ-6　シャクヤクの調製：乾燥加工（修治）

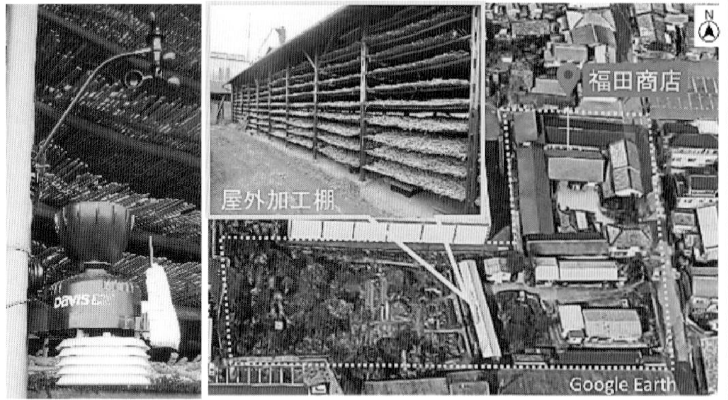

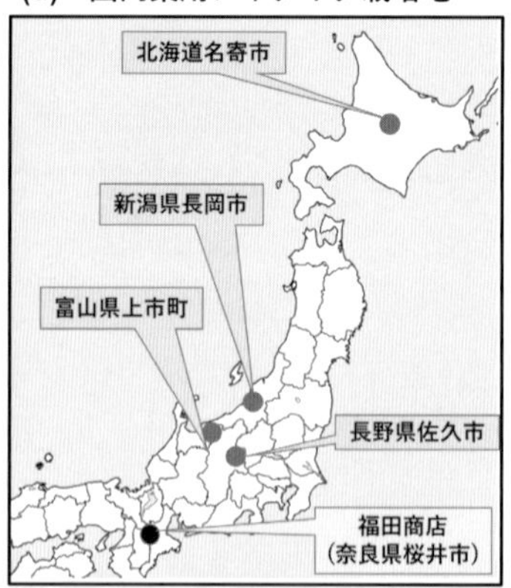

(c) 気象観測システムの設置部とケーブルシステムによるデータ表示

産地	測定地点 (所在市町村)	北緯/東経°
長野県佐久市	望月・シャクヤク栽培地	36.276/138.364
富山県上市町	富山県薬用植物指導センター	36.717/137.388
新潟県長岡市	新潟県農業総合研究所中山間地農業技術センター	37.285/138.850
北海道名寄市	医薬基盤研究所薬用植物資源研究センター	44.372/142.453

図Ⅳ-7　奈良県福田商店に設置した気象観測装置とシャクヤク栽培地の気象比較

の気象状況を知ることができる。

福田商店のシャクヤクの乾燥は、例年12～3月の間で行われる。乾燥場における2018年12月から2019年3月間の気象データ（気温・湿度・風速）の月毎平均値を比較すると、気温は5.0～9.3℃で、1月が最も低く、相対湿度は66～74%とほぼ同じであった。平均風速は3月の0.8 m/s以外は0.4 m/sで推移していた。気温、相対湿度、風速の日内変動は、昼間に気温と風速は大きく、相対湿度は低い。翌年（2019年～2020年）は相対湿度がより低く推移したが、その他はほぼ同様の気象環境だった。風向（前1時間内に複数回測定される風向の最頻方向）と時刻について比較すると、昼間は西から北西にかけて西側からの風が多く吹いていたのに対し、夜間および早朝は東からの風の割合が増加した（図Ⅳ-8）。

図Ⅳ-9に他のシャクヤク栽培地の気候と比較

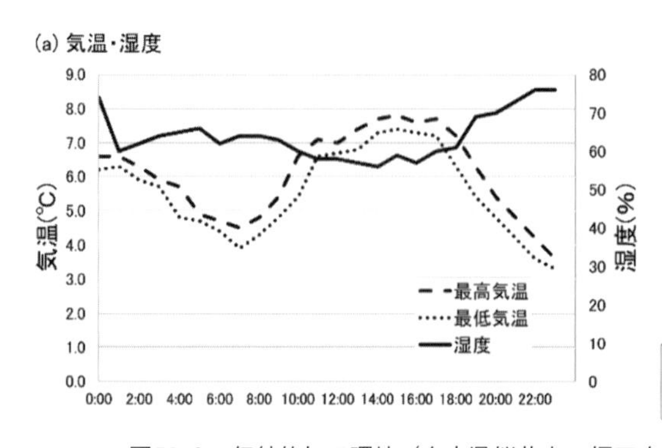

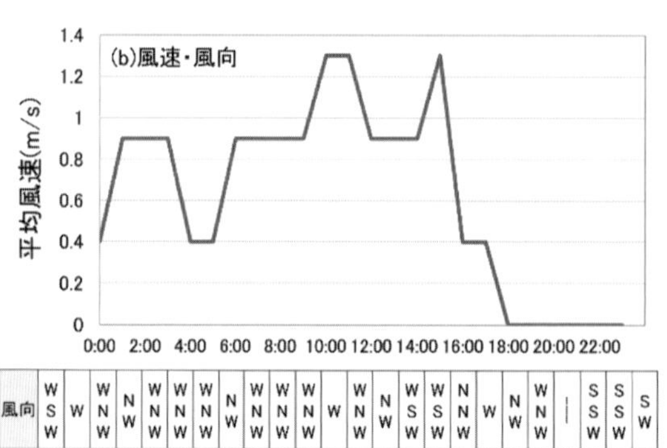

図Ⅳ-8　伝統的加工環境（奈良県桜井市・福田商店）：気象環境の日内変動の観察例（2019/01/02）

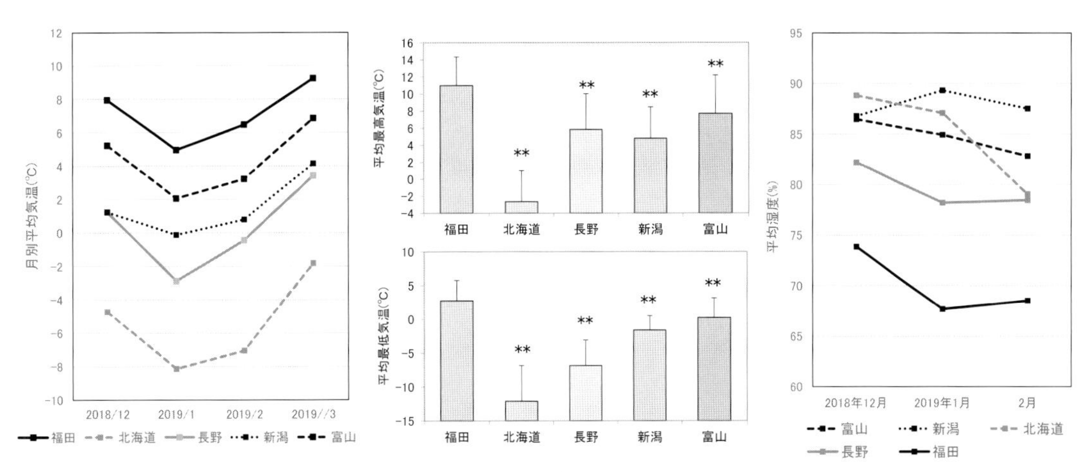

図Ⅳ-9　国内シャクヤク栽培地との比較：気温・湿度

した結果を示す。2018年1月の平均気温は福田商店と比べて富山県上市町では約3℃、新潟県長岡市では約5℃、北海道名寄市では約13℃低く推移した。一方、乾燥期の相対湿度は、他地域に比べて冬季の3カ月間を通じ10-20%程度低く推移した。富山県では、湿度の高い地域における自然乾燥では変色などにより仕上がりが悪くなるとされる。降雪および著しい気温低下のある北海道北部でも屋外の自然乾燥は困難で、多くの場合、温風で機械乾燥すると、製品の内部が変色し、劣品になるとされる（図Ⅳ-9）。

特に湿度に関連する要因として詳細な気候解析を行った。福田商店の乾燥棚場では昼間は西側からの風が多いのに対し、夜間は東側からの風が増加していた。福田商店付近の地形は、西側には住宅地など平地が広がる一方、東側は山地となっており、山谷風の影響を受けていると考えられる。山谷風は盆地や谷、山沿いの平野などにおいてみられ、昼間は日射により山の斜面が加熱され上昇気流が生じ、谷から山へ上る方へ風が吹く一方、夜間は山の斜面が放射冷却により冷却されて下降気流が生じ、山から谷へと降りる風が吹く。福田商店の乾燥棚は東西に風が通り抜けられるような向きに造られており、奈良の気候と地形による昼間の乾いた風によって、高品質加工が自然乾燥で達成されていると考えられる。

機械乾燥では自然乾燥が不適である地域でも乾燥を行うことができる利点があり、機械乾燥の乾燥条件や品質低下を防ぐための手段については様々な研究がなされてきた。

しかし、自然乾燥と比較して乾燥設備の導入や維持費などでコストがかかる点は避けられない。また、福田商店ではシャクヤクの自然乾燥とともにトウキ、オウバク、カリンなどの乾燥も行われており、乾燥条件の異なる生薬とともに、低コストで高品質加工が可能である。以上より、大和地域の環境特性を活かした合理的かつ経済的な伝統的加工技術が根付いている。奈良県の比較的高温低湿な環境に加え、地形がもたらす風を利用した乾燥方法は、高品質な芍薬を合理的・経済的に生産できる。自然環境を用いた伝統的加工技術は機械乾燥と比べ、複数生薬を同時に乾燥できる合理性と、設備費がかからない経済的利点は、伝統知とともに育んできた篤農技術確立の歴史を体現している。気象環境要因の数値化は、高品質生薬加工技術法の具体的指標であり、生薬国産化の普及の一助となる。

第5章　未利用部位を含めた多角的利用技術の開発

我々は、毎年の収穫が可能であり、食/薬用部位が異なる地域在来/特産果樹を基原とする生薬に特化した循環型活用を目指している。桃や柿の特産地域では、すでに食用として成木が育成されており、毎年の収穫が可能だ。国内で食用桃の年間収穫量は約11.3万t（平成30年度）だが、生薬・桃仁の国内年間需要は約22 tで、100%輸入に頼っている。柿蒂の場合も同様で、食用柿が約22.5万t（平成29年度）に対し、生薬需要はわずか1 tしかないにもかかわらず、すべてが中国産である。もちろん、生食用桃の種子や柿の蒂は全て廃棄されている。食用・薬用部位が異なる点に着目し、多角的利用技術開発への挑戦を紹介する。

1．吃逆治療薬・柿蒂の国産化とブランド性の強化

1）柿蒂とは

生薬・柿蒂は、日本薬局方に収載されていない生薬の規格を示した日本薬局方外生薬規格（局外生規）に「カキノキ *Diospyros kaki* Thunberg（Ebenaceae）の成熟した果実の宿存したがく」と定義されている（宿存したがくとは、花が枯れた後も枯れずに残っているがくを指す）。柿蒂は非常に特殊な生薬で、ほとんどが吃逆、すなわちしゃっくりの治療に単味の煎剤（柿蒂煎）または柿蒂、丁子、生姜で構成される柿蒂湯や丁香柿蒂湯などの方剤の形で使用される。ここで言うしゃっくりとは2日以上、場合によっては数カ月～年単位で持続する持続性・難治性のしゃっくりであり、その原因は心因性のものから、抗がん剤などの薬物によるもの、また他の疾患に付随して発生するものなど様々である。高齢の男性に好発するとされているが、特定の治療薬は存在せず、第一選択薬としてはクロルプロマジン（アメリカ食品医薬局：FDAでも唯一しゃっくりへの使用が認可されている）が挙げられるが、無効例も多く知られるうえ副作用への懸念もあり、世界共通の標準治療法は確立されていない。

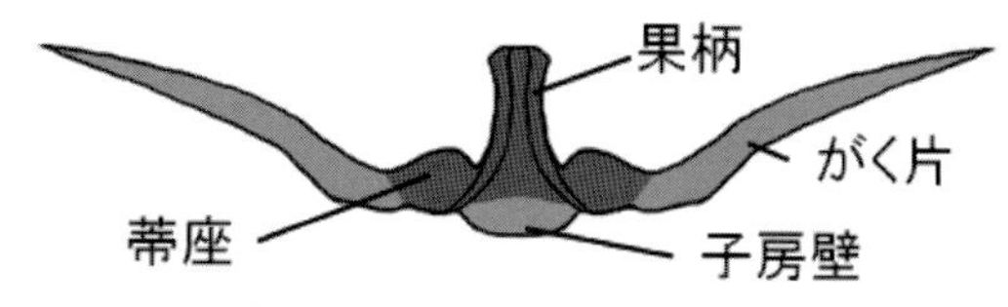

図V-1　カキノキのがく模式図

このような背景を持つ吃逆の治療薬として用いられる柿蒂の日本国内での年間使用量はおよそ1 tであり、生薬全体の年間総使用量が約26,000 t、使用量最多の生薬で約2,000 tであることを考えると、その市場規模は非常に小さいと言えるのだが、現在はその需要の全てを中国からの輸入に依存している。一方で、その原料であるカキ果実は年間約20万tが国内で生産されている。柿蒂の薬用部位（宿存したがく）は食用には用いられない、通常なら廃棄される部位（未利用部位）であり、うまく薬用に加工できれば資源活用の面からも非常に有意である。そこで、盛んに栽培されている国産のカキ果実からの国産柿蒂生産に向けた検討を開始した。

2）柿蒂の基原と形態

まず、柿蒂の形態・形状について検証を行った。前述の局外生規では、「本品はほぼ正方形で、しばしばがく片を欠き、皿状を呈し、径1.5～4.0 cmである。がく片はほぼ三角形で、やや薄い。外面は灰褐色～褐色を呈し、内面の中央部は暗褐色～淡黄褐色、周囲は赤褐色～褐色を呈する。外面の中央部には円形にくぼんだ果柄の跡があるか、又はまれに果柄の残基を付ける。内面の中央部は円形に隆起し、周囲には褐色の伏した毛を密生する。」とある。がく各部位の名称を模式図（図V-1）に示す。

では一方で、実際に流通している柿蒂はどういった形態を呈しているのだろうか。2014年の

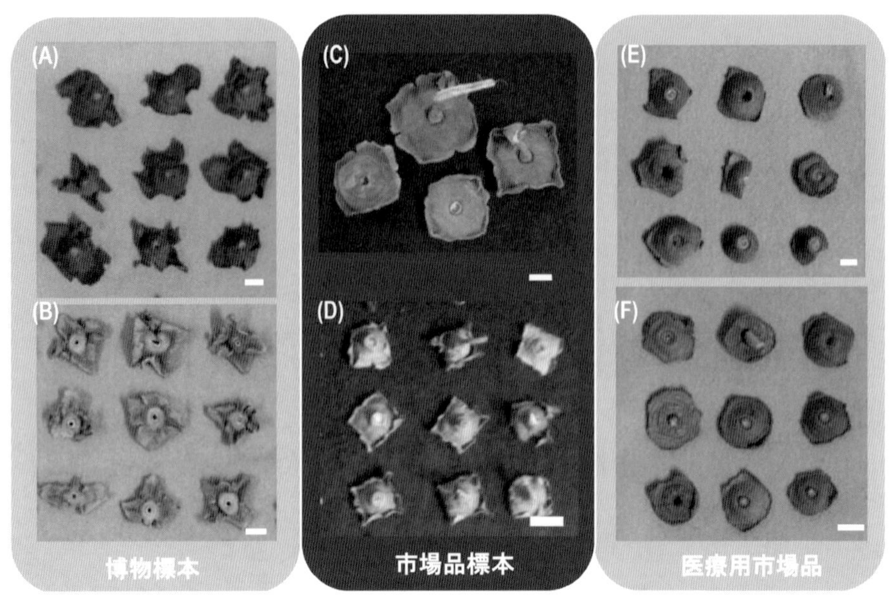

写真Ⅴ-1　柿蒂の典型写真
（A）1900年頃　（B）1920年頃　（C）1935年　（D）1977年　（E）（F）2014年　スケールバー：10 mm

市場流通品と、かつて流通していた良品の柿蒂試料として大阪大学所蔵の1900年初頭から1980年代までの博物標本を比較した。形態観察の結果、博物標本や1930～1980年代市場流通品の多くが3～5裂するがく片を伴う性状を呈していたのに対し、2014年市場流通品ではがく片が何裂しているか観察できない程度に欠落していた(写真Ⅴ-1)。なお、果実面を観察し、蒂座は黄褐色、がく片は赤褐色を呈していたため、その色の違いを蒂座とがく片を区別する判断基準とした。がく片は薄く脆いため運搬工程で破砕された可能性もあるが、試料として用いた市場品の袋内にがく片の破片の混入は認められなかった。すなわち、現在医療に用いられている柿蒂ではがく片が欠落しているが、かつて流通していた柿蒂の形態が示している通り、本来柿蒂にはがく片が存在しているべきであった可能性がある。植物生理学的見地から，がく片が果実の成熟に関連しているとの報告もあり、がく片の有無が柿蒂の品質に与える影響について検討が必要と

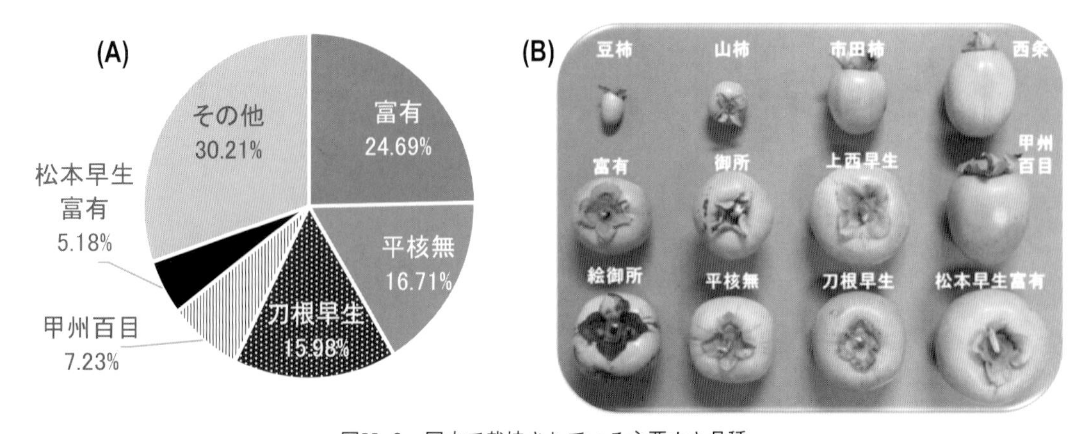

図Ⅴ-2　国内で栽培されている主要カキ品種
（A）2018年（https://www.maff.go.jp/j/tokei/kouhyou/tokusan_kazyu/）（B）主要品種果実の典型的外観

考えた。

3）国産柿蒂での検討：品種選定

様々な検討を行うにあたり、まずは国産のカキ果実からの柿蒂の調製を行うこととした。しかし、それには材料品種の選定が必要である。カキノキは元来中国揚子江流域の野生種が朝鮮半島を経由して奈良時代に日本へ渡来したとする説が有力である。この果樹の栽培や品種改良は日本で著しく発達し、学名「*D. kaki*」が示すように、日本各地方に特有の品種が作出され、それら品種数は1,000を超える。これら品種は甘柿と渋柿の２つに大別できることが知られているが、甘柿は中国ではほとんど自生しておらず、鎌倉時代に日本で突然変異により出現したとされる。材料品種の選定に当たっては、現在の市場品、すなわち中国で柿蒂材料として利用されている品種に近いものが適切と考え、渋柿の中から品種選定を行うこととした。現在日本で栽培されている上位３品種は富有（ふゆう）、平核無（ひらたねなし）、刀根早生（とねわせ）だが、このうち平核無、刀根早生が渋柿である（図Ⅴ-2）。我々はこのうち、主要なサンプル採集地である奈良県が発祥とされる刀根早生を材料品種として選定した。調製は奈良県の農業法人の協力で行い、がく片を可能な限り維持する形での調製を実現した（図・写真Ⅴ-2）。

4）がく片存在の意義：蒂座とがく片の成分比較

前述のとおり奈良県産のカキ果実から調製した柿蒂をがく片と蒂座に分け、その成分面の差異について検証した。柿蒂は通常、漢方方剤の形、すなわち熱水で抽出して使用する。そこで、がく片と蒂座をそれぞれ粉砕し、熱水で抽出した溶液中に含まれる成分の比較を行った。比較においては、LC-MS/MS（液体クロマトグラフィー質量分析法）により複数成分の含有量を同時に測定した。

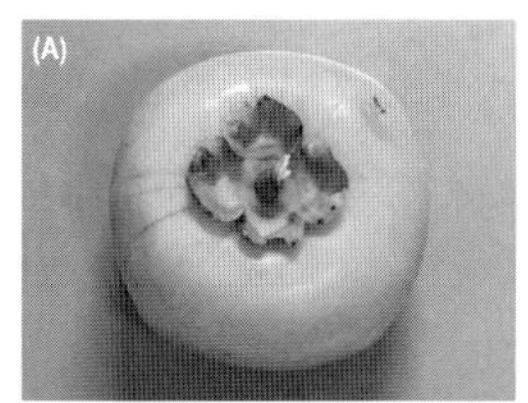

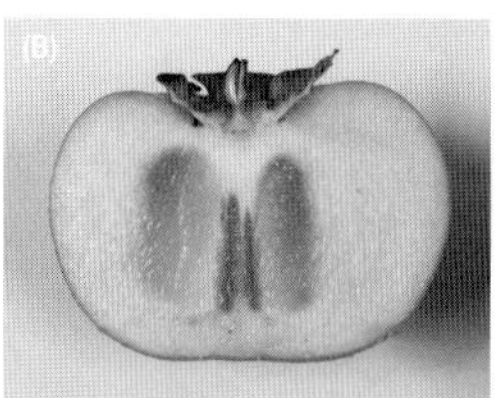

写真Ⅴ-2　刀根早生果実

（A）俯瞰　（B）縦断断面　（C）刀根早生の調製柿蒂表面
（D）裏面　スケールバー：10 mm

カキ果実には甘柿と渋柿が存在することはすでに述べたが、この甘渋性を分けているのがタンニンと呼ばれる成分である。タンニンとはポリフェノールの一種で、カテキンなどが多数重合したものである。渋柿においては、含まれるタンニンの水溶性が高く、唾液に溶けることで渋味を感じるが、重合度が上がるなどしてこのタンニンが不溶化して唾液に溶けなくなり、渋味を感じない状態になったものが甘柿である。柿蒂においても、このタンニンのもととなるカテキン類が成分面で重要であると考え、熱水抽出物中のカテキン類を中心とした測定を行った。まずは蒂座のみの形態で流通している中国産の市場品と国産品の蒂座部分の成分含量を比較したところ、両者のパターンは非常に類似していた（図Ⅴ-3・A）。この結果は、今回測定対象とした成分面からは国産品柿蒂が現在医療現場で用いられている中国産の市場品と同等であり、国産のカキ果実の蒂が生薬材料として妥当であることを示している。次に、国産品の蒂座とがく片の成分について検証した。前述と同じ測定方法により測定した成分について、主成分分析（PCA）により統計学的に解析した。PCAを行うことで、検出された成分の含有パターンの類似性を図式化することができる。その結果は図

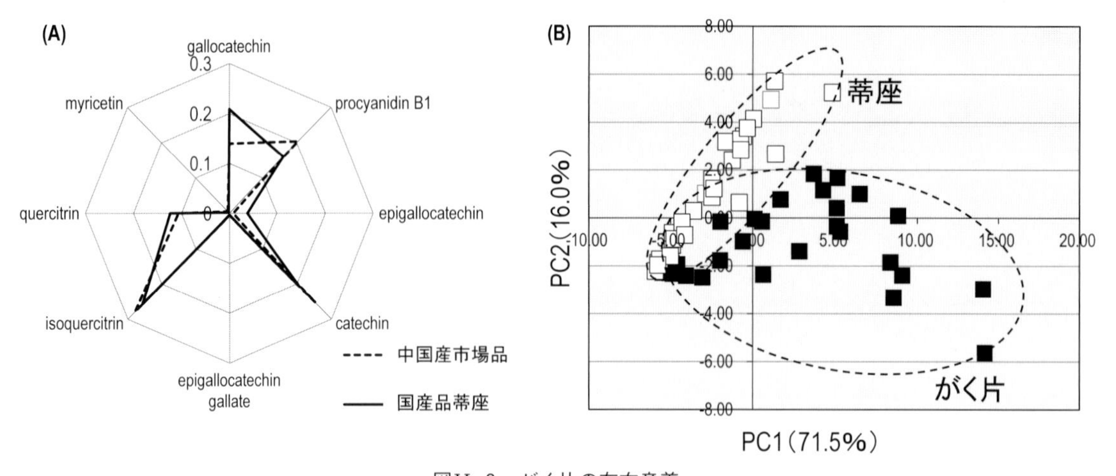

図Ⅴ-3　がく片の存在意義

（A）中国産市場品と国産品蒂座の成分比較　（B）国産品の蒂座とがく片の成分比較

Ⅴ-3・Bに示すとおりである。パターンが類似したものは近くにプロットされるのだが、この図より蒂座とがく片におけるカテキン類の含有パターンが異なっていることがわかる。標本類での検証より、かつて流通していた柿蒂にはがく片が付随していたことを明らかにしたが、このがく片が柿蒂に含まれることで、現在流通している蒂座のみの市場品とは異なる成分特性を示し、それが国産柿蒂にとって一種の「付加価値」となりうる可能性が示された。

5）柿蒂研究の現況

上記の検討を踏まえ、我々は刀根早生より国産柿蒂の調製規模を徐々に拡大しながらさらなる検討を進めている。

2017年度には、10 kgほどの柿蒂を調製し、成分面での同等性を確認した後、生薬加工業者による局外生規への適合性や残留農薬の試験を経て調剤用生薬として加工した（**写真Ⅴ-3**）。現在は、医療機関にて臨床効果の検証を行っており、概ね良好な成果を得ている。品質の安定性やコスト面に課題がいくつか上がってきており、現在は柿蒂加工の規模を少しずつ拡大しながら、これらの課題の解決に向けた科学的・経済的検討と臨床検証を並行して進めている。

写真Ⅴ-3　医療用として加工された国産柿蒂

6）柿蒂研究の将来展望

今回は、カキノキの未利用部位の活用の観点で柿蒂研究を展開してきた。日本ではカキノキ由来の生薬としては柿蒂のみが一般的に使用されているが、中国で使用される生薬について記載した中薬大辞典には、柿蒂以外にカキノキの根又は根皮を「柿根」、果実を「柿子」、未熟果実を加工して得られる膠状の液を「柿漆」、果実を加工し餅状の食品にしたものを「柿餅」、果実を柿餅にするとき表面に生じる白色の微粉末を「柿霜」、外果皮を「柿皮」、樹皮を「柿木皮」、葉を「柿葉」として記載しており、植物体全体

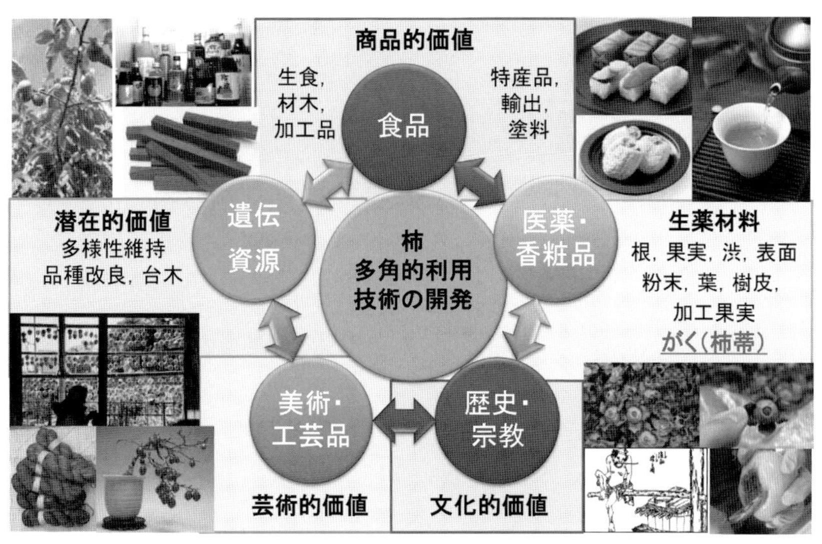

図Ⅴ-4　カキ果実の多角的利用

を多様な薬として利用していることがわかる。薬としての利用だけでなく、葉をお茶として利用したり、日本では食品にも利用したりする（柿の葉寿司など）。他にも、柿渋や木材への加工など、その利活用は多岐にわたる。また、日本では最初に述べたように品種改良も盛んであり、そうした遺伝資源的価値や文化的・芸術的側面など、多角的な視点からカキノキという植物そのものの付加価値を高めていくことが必要である。今回の検討で、古来の形態・品質を保持する、すなわちがく片を温存することが国産柿蒂のブランド化につながると考えたが、ブランド性の保持にはそうした付加価値の検討・創生や循環型活用への取り組みも必須となる（図Ⅴ-4）。

また、柿蒂は様々な原因で発生するしゃっくりに有効であることが、複数の臨床検討により明らかになってきている。しかし、柿蒂のしゃっくりへの利用は東アジアに限られており、前述のとおり世界的な標準治療法は存在していない。今後、国産柿蒂の安全性や有効性を示し、積極的にそのデータを海外に向けて発信することで、輸出戦略も含めた展開を行い、コスト面の課題解決の一助としたいと考えている。

2．桃仁の潜在的資源探査：育種シーズの可能性

桃仁は、「モモ *Prunus persica* Batsch又はノモモ *P. persica* Batsch var. *davidiana* Maximowiczの種子」と規定される生薬で22 t/年が使用されるが、100％中国産である。一方、食用は和歌山県のみで数千倍の生産量を有するが、種子は有料廃棄物となる。国産食用桃の種子を活用した桃仁生産を可能にする品種は当然局方規格を満たさなければならない。食用桃は美味しさを追求した育種開発の結果、品種の基原（学名）は局方規程内に属しても局方性状（特に厚さ）を満たさない市場品（150種以上）が大半を占める。桃仁 PERSICAE SEMENは、現市場において「食用桃品種の種子は扁平で薬用不適」が通説だが、食用登録品種の検証報告は皆無である（図Ⅴ-5）。

1）畿内在来種及び食用栽培品種の特性

モモは中国原産で、日本には縄文後期または弥生期に渡来したとされ、江戸期には各地で様々な在来種が存在した記録が残っている。食用品種は1875年（明治８）に中国から導入した「上海水蜜桃」が普及し、そこから1899年（明治32）

モモ *Prunus persica* Batsch 又は*Prunus persica* Batsch var. *davidiana* Maximowicz (*Rosaceae*)の種子.

【性状】扁圧した左右不均等な卵円形. 長さ1.2 ～2 cm, 幅0.6 ～1.2 cm, 厚さ0.3 ～0.7 cm. 一端はややとがり, 他の一端は丸みを帯びて合点がある. 種皮は赤褐色～淡褐色で, 外面にはすれて落ちやすい石細胞となった表皮細胞があって, 粉をふいたようである. 合点から多数の維管束が途中あまり分岐することなく種皮を縦走し, くぼんで縦じわとなる. 温水で軟化する時, 種皮及び白色半透明の薄い胚乳は子葉から容易く剥がれ, 子葉は白色. ほとんど匂いがなく, 味は僅かに苦く, 油様.

- アミグダリン含量1.2%以上
- TLCによる定性確認試験
- 純度試験(変敗・異物)
- 乾燥減量8.0%以下(6時間)
- 貯法:密閉容器

桃仁 PERSICAE SEMEN

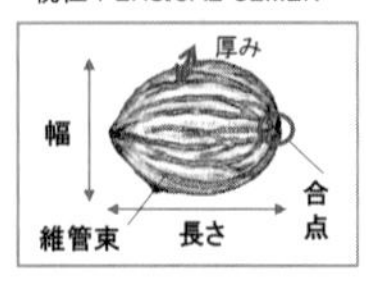

図V-5　日本薬局方規定：桃仁

に岡山県の大久保重五郎氏が日本の気候に合う品種「白桃」を圃場で発見し選抜した。「白桃」は、後代に「白鳳」「あかつき」などの優良品種を生み出した歴史的な品種として知られている。昭和期に入ると各県の試験場で盛んに交雑が行われ、上海水蜜桃系中心の栽培が始まり、果実が小さく、果肉の堅い在来種は次第に姿を消していった。ネクタリンは、毛のないモモで日本でも栽培は古く、江戸期には油桃・ズバイモモと言われた。モモの有毛性は先天的なのに対し、ネクタリンの無毛は後天的で、遺伝的に有毛は無毛に対し優性である。1樹の中にモモとネクタリンが混生するものや1個の果実で部分的に有毛と無毛が分離するケースが報告されている。モモは短命で他の果樹と異なり樹木の寿命が15～20年と短い。本研究の対象となった反田ネクタリンは山梨県反田喜雄氏が育成した白桃とネクタリンの自然交配実生の品種であり、野生種特性の離核性を有する。近年、長野県の白桃とネクタリンの混植園で発見された品種が開発され、多くの品種がある。ネクタリンの学名は *P. persica* var. *nectariana* Maxim. とされるが、反田ネクタリン、スィートネクタリン黎明、スィートネクタリン黎王、スィートネクタリン晶光、スイートネクタリン晶玉は、いずれも農林水産省品種登録ホームページ（http://www.hinshu2.maff.go.jp/）内「品種登録データ検索」に *P. persica*（L.）Batsch として品種登録されている。

一方、薬用には小型果実の在来種由来（原種的桃）が用いられ、戦前、良品とされたケモモについて、木島らは国内に野生状態に生育するモモ *P. persica* Batsch（従来ケモモ *P. persica* var. *subspontana* Makino と呼ばれているもの）と報告している。これら原種的モモの自生地は国内の広範囲に分布する。「稲田桃」は1776年の河内国細見図や1801年の河内名所図会に挙げられる、大阪府東大阪市に生育する畿内在来種である。本種は遺伝子解析から、現在の食用栽培品種と来歴が異なることが示唆されている。畿内在来種「稲田桃」については、2015年から3年にわたり外部形態など性状を検討したが、JP記載の適合範囲内で安定した性状を呈した（図V-6）。

2）本草・歴史考証に基づく生薬桃仁

生薬桃仁の基原については1590年の『本草綱目』に山桃仁は不適であること、山中に自生する桃の一種は食用不適だが薬用に適すること、毛桃は仁に脂が多く薬用に適するとある。日本においても『新添修治纂要』、『古方薬説』に、

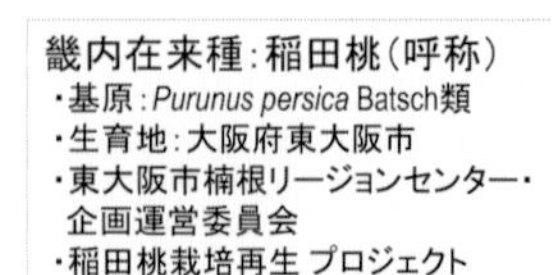

『河内名所図会』秋里籬島著　享和元年(1801年)発刊 (国立国会図書館デジタルコレクション)

UPGMA法によるモモとその近縁種の系統樹

Prunus persica Batsch
白鳳
あかつき
清水白桃
（稲田桃）
上海水蜜桃
ハナモモC
アーモンド
ネクタリン'秀峰'
野生桃
ハナモモA
ハナモモB
0.1

出典：辻本誠幸(2015)奈良県農業研究開発センター研究報告 第46号より改変

図V-6　畿内在来種：稲田桃の特性

本草綱目の記載を踏襲する形で毛桃・山桃表記が散見される。戦前、道修町薬種専門家らは毛桃由来品を良品としており、長野県・群馬県でのわずかな産出が記されている。薬能に関しては、『(新註校定国訳) 本草綱目』の記載「止咳逆上気」「通月水」「止心腹痛」「治血秘」「治血燥」「通潤大便」から、瘀血の治療を通して、無月経・痛み・咳・便秘などに用いられていたと推測される。加工法は、皮・尖の除去、細刻、炒るや黒焼など複数認められたが、得たい薬能に応じて選択する旨の記述が日本の文献に多い。調製法も同様であった。

表Ⅴ-1　薬用基準対象標本類

分類	サンプル名	入手先	Lot.	入手年	市場
阪大博物標本	S1	津村研究所[*1]	―	1920年代	―
	S2	日中文化事業・漢方展[*2]	―	1964	上海
	S3	同上	―	1965	香港
	S4	同上	―	1965	中国
	S5	同上	―	1965	湖北
	S6	同上	―	1965	―
市場品	C1	中島	―	1965	―
	C2	栃本天海堂	―	1987	―
	C3	栃本天海堂	―	―	朝鮮半島
	C4	栃本天海堂	0801C008101	2008	中国陝西省
	C5	栃本天海堂	0801C008102	2008	中国山西省
	C6	栃本天海堂	008113006	2014	中国山西省
	C7	堀江生薬	44537109	2016	中国
	C8	ウチダ和漢薬	E7K0331	2016	中国黄州省

*1：朝比奈泰彦監修　木村雄四郎・刈米達夫製作標本（1900年初頭）
*2：現代の漢方薬展　主催：日中医薬協議会・毎日新聞社(1965年７月～)

3) 性状規格の通説「食用品種の種子は扁平で薬用不適」に挑む

桃仁は、長さ1.2～2 cm、幅0.6～1 cm、厚さ0.3～0.7 cmとJP18のサイズ規格がある。性状は、「偏圧した左右不均等な卵円形を呈し、一端はややとがり、他の一端は丸みを帯びて合点がある。種皮は赤褐色～淡褐色で、合点から多数の維管束が途中あまり分岐することなく種皮を縦走する」とされる（図Ⅴ-5）。

大阪大学所蔵の1920～50年代にかけて蒐集された国内外の製薬企業や研究所製の生薬標本類は、実地医療で品質が担保された証拠となる実体物である。特に、津村研究所製や日中文化事業の漢方薬展出品標本類は、当時の生薬・漢方研究成果の一端であり、生薬学者（朝比奈泰彦他）により監修された医薬品原料で、基原が明確な証拠標本類と位置付けている（表Ⅴ-1）。

1920年代から2016年に至る博物標本について、種皮の色は赤褐色～褐色を呈し、重量0.29～0.32 g、長さ1.44～1.49 cm、幅0.93～1.0 cm、厚さ0.45～0.48 cmだった。S2～S5は香港・上海・湖北など複数の産地由来だが、性状が均一であった。市場品では、種皮の色は赤褐色～褐色で、重量0.22～0.38 g、長さ1.21～1.66 cm、幅0.84～1.06 cm、厚さ0.29～0.60 cmと標本類にほぼ近似したサイズであった。但し、朝鮮半島産C3は厚さが局方記載の下限値を下回り、他のサンプルに比べ有意に薄い形状を呈していた。

現在国内で流通している食用栽培品種について、JAフルーツ山梨営農販売部協力の元、2016～2018年にかけて計30品種を対象とした（表Ⅴ-2）。まず白鳳・白桃系H1～H18、ネクタリン系N1～N9、その他T1，T2に示す2016年度入手サンプル29種・248個体の外部形態をスクリーニングした。白鳳・白桃系品種では、幅が0.86～1.32 cmと基準値より広く、厚みが0.3 cm以下肉薄の扁平な性状を呈する品種が大半を占めた。ネクタリン系N6は、充実した形状で、長さ、幅、厚さの平均が全てJP記載に合致した。次に、性状適合したネクタリン系品種とその類縁種に絞って外部形態の均一性・再現性を継続的に検証した。2016年（N3，N5～N9）、2017年（N10～N14）、2018年（N13～N19）にわたり蒐集した6品種（反田ネクタリン・黎王・黎明・晶玉・晶光・稲田桃）について、同品種間で比較したところ、全品種で厚さにおける有意差はなく、年度を経ても安定した品質を呈した。

また、JAフルーツ山梨販売部から、核果が大きいT1，T2及び缶桃５号K1の検討依頼を受

表V-2　生食用栽培品種と在来種

分類	検体No.	品種名	来歴	生産面積(ha)	収穫時期	入手年
白鳳・白桃系	H1	白鳳	白桃×橘早生	1359.3	中生	2016
	H2	白鳳	白桃×橘早生	1359.3	中生	2016
	H3	白鳳	白桃×橘早生	1359.3	中生	2016
	H4	やまなし白鳳	白鳳枝変わり	9.6	早生	2016
	H5	みさか白鳳	白鳳枝変わり	142.4	早生	2016
	H6	日川白鳳	白鳳枝変わり	856.5	早生	2016
	H7	夢しずく	ちよひめ×八幡白鳳	16.4	中生	2016
	H8	浅間白桃	高陽枝変わり	304.5	中生	2016
	H9	ちよひめ	高陽×さおとめ	61.7	極早生	2016
	H10	加納岩白桃	浅間枝変わり	158.3	早生	2016
	H11	夢みずき	浅間白桃×暁星	—	中生	2016
	H12	川中島白桃	上海×白桃	1166.1	中生	2016
	H13	一宮白桃	白桃偶発実生	122.2	中生	2016
	H14	なつっこ	川中島白桃×あかつき	305.1	中生	2016
	H15	嶺鳳・一葉	あかつき枝変わり	96.4	中生	2016
	H16	紅くにか	くにか早生	—	中生	2016
	H17	ゆうぞら	白桃×あかつき	104.7	晩生	2016
	H18	幸茜	山一白桃枝変わり	45.0	晩生	2016
	H19	白鳳	白桃×橘早生	1359.3	中生	2017
	H20	美郷	日川白鳳×だて白鳳	—	晩生	2017
ネクタリン系	N1	笛吹イエロー	中国からの導入	—		2016
	N2	Flavortop	フェアータイムの自然交雑実生	12.7		2016
	N3	反田ネクタリン	白桃×ネクタリン	—		2016
	N4	反田早生	白桃×ネクタリン	—		2016
	N5	黎王	反田ネクタリン×インデペンデンス	3.5		2016
	N6	黎明	反田ネクタリン×インデペンデンス	3.4		2016
	N7	晶玉	反田ネクタリン×インデペンデンス	—		2016
	N8	晶光	反田ネクタリン×インデペンデンス	—		2016
	N9	秀峰	ネクタリン自然交雑実生	21.9		2016
	N10	反田ネクタリン	白桃×ネクタリン	—		2017
	N11	黎王	反田ネクタリン×インデペンデンス	3.5		2017
	N12	黎明	反田ネクタリン×インデペンデンス	3.4		2017
	N13	晶玉	反田ネクタリン×インデペンデンス	—		2017
	N14	晶光	反田ネクタリン×インデペンデンス	—		2017
	N15	反田ネクタリン	白桃×ネクタリン	—		2018
	N16	黎王	反田ネクタリン×インデペンデンス	3.5		2018
	N17	黎明	反田ネクタリン×インデペンデンス	3.4		2018
	N18	晶玉	反田ネクタリン×インデペンデンス	—		2018
	N19	晶光	反田ネクタリン×インデペンデンス	—		2018
その他	T1	甲州	不明	—		2016
	T2	瑞光	ヤマモモ	—		2016
もも(加工用)	K1	缶桃5号	—	3.0		2018
畿内在来種	I1	稲田桃	—	—		2015
	I2	稲田桃	—	—		2016
	I3	稲田桃	—	—		2017
	I4	稲田桃	—	—		2018

けた。T1, T2は厚みが不適だったが、K1は長さ/幅/厚みの平均がそれぞれ1.96 cm、1.18 cm、0.38 cmとJPの記載に適合した。K1品種は加工される際に核の部分が廃棄物として処理されており、他の品種に比べ加工が簡便であることから、食薬双方に使用できるシーズとして期待される。

更に全検体について、重量・長さ・幅・厚さの検体別平均値で主成分分析を行った（図V-7）。博物標本は、産地・入手年が異なっても局在し、性状の均一性が示唆できる。それらの周辺に市場流通品、ネクタリン系の一部や畿内在来種、加工用品種が分布し、形態特性における類似性が示唆できる。特にN6, N12, N17と3年分すべてのサンプルで市場流通品クラスター近傍に位置するネクタリン系の黎明は候補として有望だ。残念ながら、白桃・白鳳系の大半は通説通り、市場流通品と分離したクラスターを形成した。

4）品質管理（安全性/均一性/有用性）とブランド性の強化

これまでの検討から、種子が薬用に利用可能な食用栽培品種の探索には、まず外部形態評価により候補対象を決定する。引き続き、安全性や乾燥減量やアミグダリン含量など生薬試験法の検証をすることで、当初以下４件の可能性を想定した。①畿内在来種の活用、②缶詰加工用品種の廃棄物核果の利用、③ネクタリン系品種の活用、④薬食同源を実践する育種シーズの探索である。

まず、種子の乾燥減量（JP18規格：8.0％以下）は、缶桃５号（K1: 9.8％）を除く、５品種（N15: 反田ネクタリン・N16: 黎王・N17: 黎明・N18: 晶玉・I4: 稲田桃）で3.8～4.3％と規格内であった。また、桃仁には重金属・ヒ素の限度値規定がないため、JP収載生薬規定の最も厳格な基準値（重金属10 mg/kg・ヒ素1.5 mg/kg）で評価した結果、全試料で重金属・ヒ素ともに限度値を下回り、安全性を確認した。

指標成分アミグダリン含量について、稲田桃

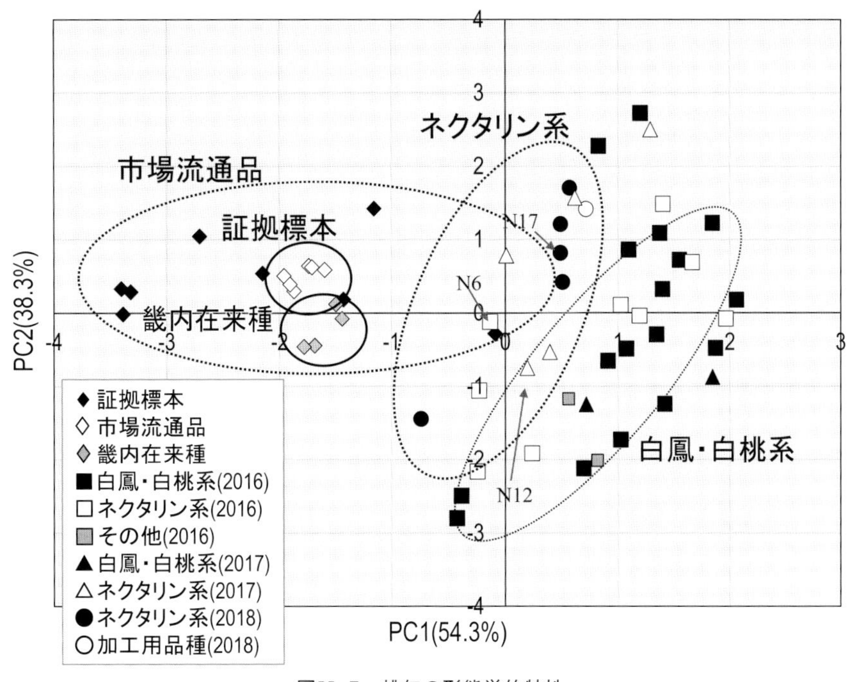

図V-7　桃仁の形態学的特性

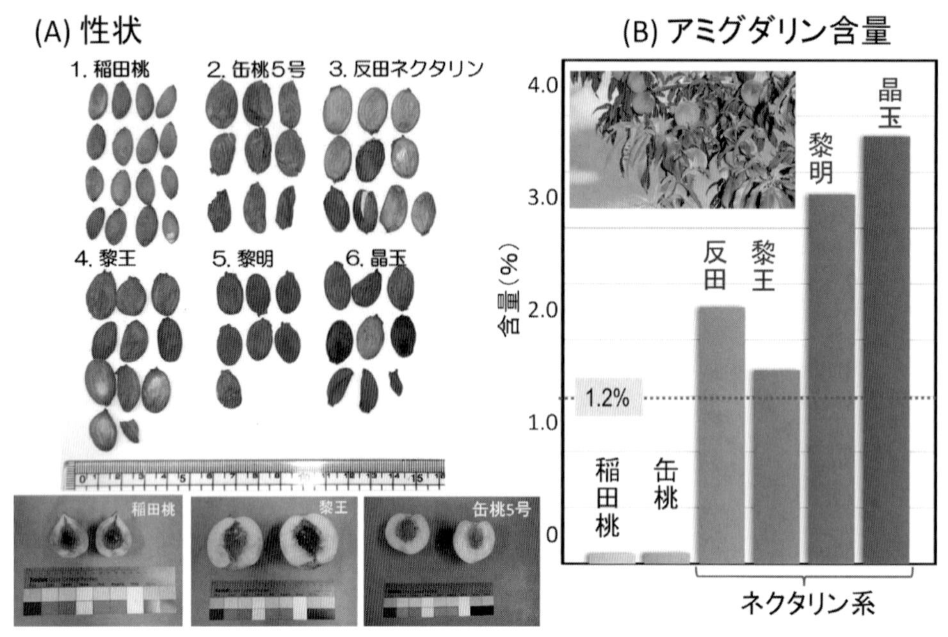

図V-8　品質評価：アミグダリン含量

および缶桃は低値で規格不適だったが、ネクタリン系はすべて1.2%以上とJP規格値に適合した。特にN17: 黎明は3.30%、N18: 晶玉は3.82%含有した（図V-8）。

前述の①畿内在来種の活用については、これまで野生状態で生息する原種的モモを良品とする見解にもかかわらず、ハナモモや上海水蜜桃と遺伝的系統が異なる畿内在来種「稲田桃」にアミグダリンはほとんど含まれない結果となった点は想定外であった。しかし、樹木の寿命が短命で、自然交雑が容易なモモにおいて、今後、野生種や栽培種の形質が多様である現況を反映した基原種の検討は必要と考える。②缶詰加工用品種の廃棄物核果の利用も低アミグダリン含量のため困難となった。

一方、③④に関して、ネクタリン系4種はJP18規格に合致し、薬食同源を実現できる育種研究に有用な遺伝資源の可能性がある。接ぎ木ではなく、白桃系との自然交雑種として育種された反田ネクタリン系を新たな基原適合種として活用した場合の産業的な有用性や展望について考察した。表V-1に各品種の来歴（育種歴）を示した。JP規格に適合した反田ネクタリンは、白桃との交雑種で、スイートネクタリンの黎王・黎明・晶玉は反田ネクタリンを親品種とする。また粘核性の白鳳・白桃系と異なり、果肉と核が離れやすい離核性に優れる。離核は粘核に対して先天的、現生地の野生種はすべて離核といわれている。遺伝的に離核は粘核に対し優性である。薬用部位・種子の性状やアミグダリン含量がJP記載事項および規格に合致するだけでなく、野生種形質の離核性が加工作業の容易さを生み、モモ未利用部分の活用が最終的に廃棄物処理費用の削減につながる生薬栽培加工の実利性をもつ。同時に長期的ではあるが生食用に優れ、種子を薬用資源にできる育種目標を明確化した。

3．香気成分分析の最前線・サフラン

1）サフランの香り

サフランは、香辛料や薬草として古来からヒトに寄り添ってきた植物である。特に、香辛料

としては、独特の香りと黄色を食品に付与できる特異な存在である。一方で、収穫からの手間がかかる素材であることから、非常に高価であることも特徴の１つである。

サフランは、そのほとんどがイランとスペインで生産される。ごく少量ではあるが、日本においても大分県を中心に栽培がみられる。通常、農産物であれば産地が異なれば品質も多様になるが、これはサフランにおいても同様と考えられる。しかしながら、香辛料および生薬では食品ほど地域間での品質差が語られることは少ないようで、「国内産のほうが外国産よりも……」と巷でささやかれるものの、これを立証するデータは皆無である。この背景には、例えばサフランであれば当たり前に着色・着香できるという認識、生薬に至っては、日本薬局方により薬効成分のクロシン含量の基準値が示されているとともに、「サフランは独特の香りがすること」と記されるにとどまることが要因と考えられる。ここにある「独特な香り」とは具体的に何なのか、サフランの香りは具体的にどう表現されるか、といった単純な疑問に回答できるデータは意外にもないのが現状である。そこで、本項ではサフランの香りに着目し、最新の香気分析手法で解析を試みた。

2）香りを分析するには？

香りとは、元来空中に飛散する香り成分（香気成分）をヒトが鼻（嗅覚）で感じ取ることのできる成分をいう。言い換えれば、実態はつかめないが存在は感じることができる成分といえる。香りの分析は、そのように実態のない成分を追う極めて面倒な分析となる。科学的な観点で話をすると、有機化学的手法を応用して揮発性成分をガスクロマトグラフ（略称GC）とガスクロマトグラフ質量分析計（GC-MS）で分析することである（写真Ｖ-4）。簡単に説明すると、香気成分（香り成分）は揮発しやすい油の性質を持っていることから、まずはサンプルより油を抽出し、ひと手間を加えて揮発しやすい成分だけを集める。これをGCに注入することで化合物をバラバラにすることが可能で、GC-MSにいたってはそれら化合物が何であるのかを推定することができる。つまり、これらの設備があれば分析が可能と単純に理解することができる。しかしながら、現存する高性能のGCあるいはGC-MSをもってしても、完全な解析ができないのが香りの世界である。

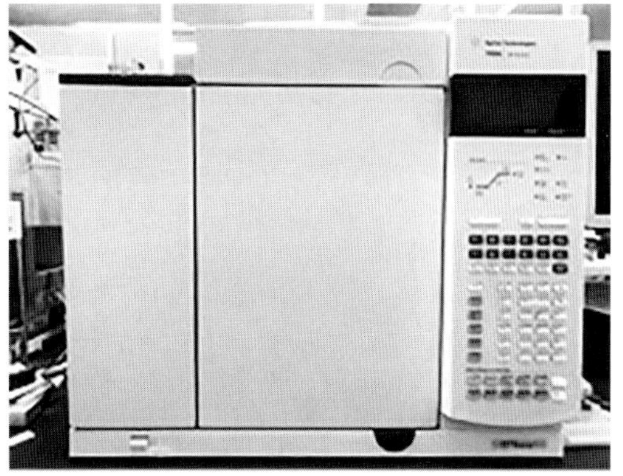

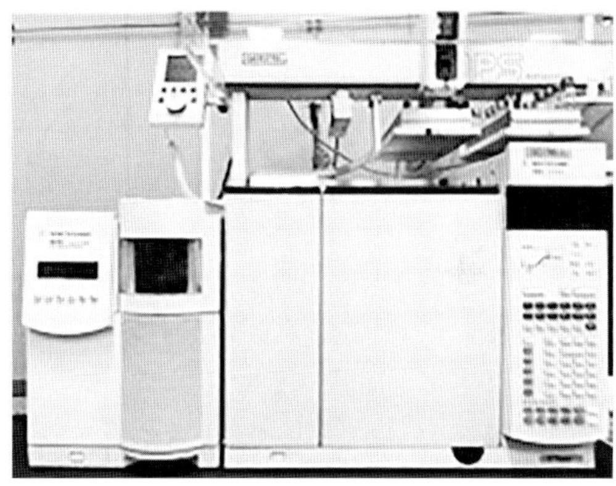

写真Ｖ-4　GC（上）およびGC-MS（下）

では、どのようにすれば解析できるのか。その答えは“ヒトの鼻を頼りにする”である。なぜなのかというと、分析機器ではどの成分が匂うのかを判断できないからである。我々は、空中に飛散する全ての化合物を香りとして認識しているわけではなく、その一部を感じている。研究においてもまずは人の鼻を通じて感じることのできる化合物とそれ以外に分類することか

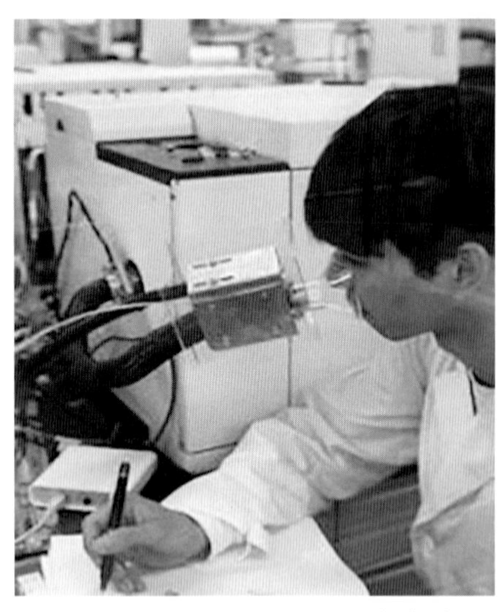

写真Ⅴ-5　GC-Oによるにおい嗅ぎ分析

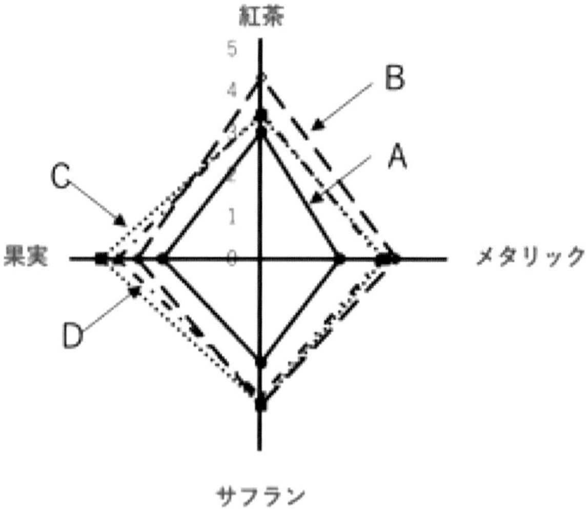

紅茶
5
4
3
2
1
0
B
A
C
D
果実
メタリック
サフラン

図Ⅴ-9　官能評価によるサフランの香気の解析

ら始まる。したがって、実際の分析では写真Ⅴ-5に示すにおい嗅ぎポート付きGC（GC-O）のように機器に人の鼻を検出器として組み合わせることで、不可能な分析を可能に変えている。それでは、こういったローテクとハイテクが融合した香気分析システムを活用して、サフランの香りを解説していく。

3）サフランの香り？

「サフランは独特の香りがすること」、この独特という文言を具体的に説明するといったいどのようになるのか。サフランの香りに関する学術論文を調べると、注目される成分はsafranalであることがわかる。一方、この成分だけでその香気が説明できるとは考え難いことから、まずは官能評価によってサフラン香気の可視化を試みた。サフランはサフランの香りと思われるかもしれないが、これを注意深く嗅ぐと、色々な香りによって構成されていることを実感できる。この研究では、産地や保存時期の異なるサフラン（A：栽培履歴がわかり分析時まで管理されたサフラン、B：市販の日本産、C：市販のイラン産、D：Cとは異なる市販のイラン産）を用意し、香調（香りの質）の違いを評価した。図Ⅴ-9にその結果を示した。サフランの匂いを分解すると、いわゆるサフラン様の香りの他に、乾燥果実（具体的にはドライプルーン）の香りである“果実”、紅茶の華やかな香りの“紅茶”、さらに松の葉に感じられる鉄のような緑の香り“メタリック”の4項目で表現できると考えられた。この項目を持って4つのサフランを評価したところ、まずAは全項目とも強度は弱いものの混じり気のないサフラン香が特徴であった。市販の日本産となるBは、Aよりも香気強度は強く、特に紅茶感が強かった。それに対してイラン産であるCとDは、ともに果実香気の目立つサフランであった。この結果からもわかる通り、サフランといえど産地や保存状態が異なれば香調は違うということが明らかとなった。

次に、この違いを成分レベルで比較するために、各サフランより香気成分を抽出し分析を試みた。成分（化合物）を推定できるGC-MSにて分析し、その代表的な結果を図Ⅴ-10に示した。単純に見た目を比較してもらうと、なんとなく違うということはわかる。もう少し見ていくと、サフラン香の代表成分であるsafranal、それと構造が類似するisophorone、および4-ketoisophoroneが主要成分として検出された。図には示してい

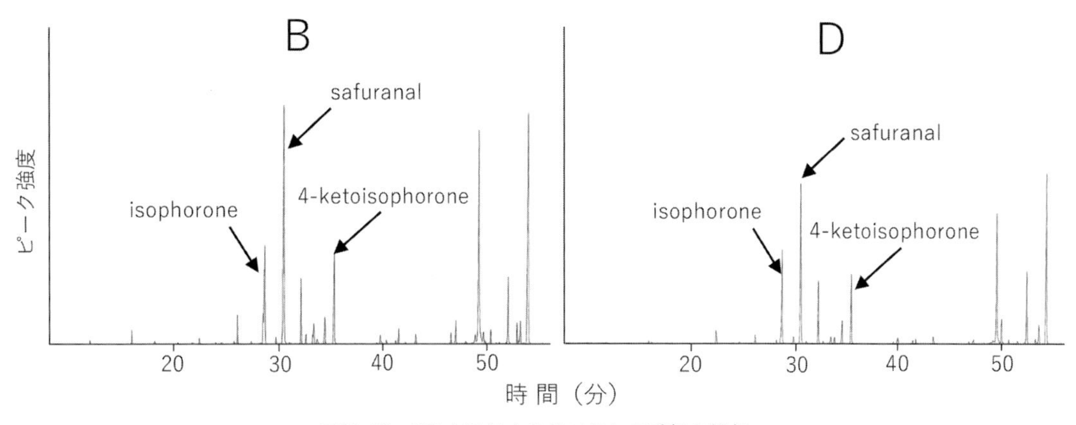

図V-10　GC-MSによるサフランの香気の解析
B：市販の日本産、D：市販のイラン産

ないが、同じ日本産でもこれらの成分割合の異なることが明らかとなった。同様の結果をイラン産と比較すると、検出成分数や各ピークの高さは日本産のそれよりも低かった。

前述したとおり、人の鼻を検出器として組み合わせていないこの結果では、機器で見える成分の組成や量の違いがわかるだけである。そこで、匂いの本質に迫るべく写真V-5に示すGC-Oによる評価を実施した。この評価では、どの成分が匂うのか、それがどんな香りなのかを評価するとともに、Aroma extract dilution analysis（AEDA法）によって各成分のサフラン香に対する寄与度（数値をFD値で表し、高いほど香気への寄与度が高いことを意味する）を測定した。まず、香気寄与成分数（ヒトが匂うことのできる成分）を比較すると、Aが15成分、Bが30成分、Cは32成分、およびDは28成分であった。この結果だけを見ると、Aが他のサンプルとは異なるように思える。次に、それらがどんな香りのする成分でどれくらいの強さ（寄与度）なのかを解析し、香気を構成する成分の質的・量的な相違を比較した。代表的な成分を表V-3に示した。Aについてみると、最も寄与度の高い化合物はスミレ様の香りがする *β*-iononeで、寄与度の指標となるFD値は4096であった。次いでサフラン様の香りを持つsafranalとisophoroneがそれぞれ1024と256であった。いわゆるサフランの香りは、成分レベルでみるとそれに類似した香調を示すsafranalとisophoroneにより演出されるものとみえるが、それらの香りを *β*-iononeのスミレ用の香りが下支えすることで主要な骨格を作っていることがこの結果より明らかとなった。その他、シトラス（柑橘）やミント様の香りを示す成分が検出されたが、いずれもFD値は低かった。Bをみると、safranalのFD値が65536と最も高く、isophoroneが16384、*β*-iononeが4096と前述のAのそれと寄与度の高い成分は同様であった。ただし、Aと比較するとそれらの寄与度は極めて高かった。その他の成分に目を向けると、甘い好調を示す2-ethylphenolやシトラス、チーズあるいはナッツ様の香気を持つ化合物のFD値も高かったことから、香気がより複雑であることがこの結果から推察できた。なお、官能評価において紅茶様香気の強いことが特徴となっていたが、これにはlinalool（紅茶）、geranial（柑橘、紅茶）およびphenylacetate（花、ハチミツ）が寄与していると考えられた。イラン産のCやDをみると、高FD値を示す化合物は先の日本産サフランのそれらと相違は見られなかった。一方、グリーンや薫香の香りあるいは花様の香り（(*E*)-2-tridecenal、thymol、3-etylpenol、indol および phenylacetate）と

表V-3　AEDA法によるサフランの重要香気の比較

香調	化合物	FD値			
		A	B	C	D
酢	Acetic acid	—	16	64	16
油	(*Z*)-3-Nonenal	1	4	4	1
柑橘	4-Mercaptohexane-2-one	16	256	16	4
紅茶	Linalool	—	4	—	–
シナモン様	2-Methylpropanoic acid	—	1	4	16
サフラン	Isophorone	256	16384	16384	1024
サフラン	Safranal	1024	65536	65536	1638
チーズ	2-Methylbutanoate	—	256	256	16
ナッツ、抹茶	Dodecanal	4	256	16	16
柑橘、紅茶	Geranial	—	4	4	–
カメムシ、油	(*E,E*)-2,4-Decadienal	—	64	1	4
ワイン	(*E*)-*β*-Damacenone	1	4	1	4
ハチミツ、バラ	2-Phenylethanol	—	—	4	1
花、スミレ	*β*-Ionone	4096	4096	1024	1024
汗、グリーン	(*E*)-2-tridecenal	—	—	64	16
ミント様	Thymol	16	—	64	16
薫香	3-Ethylphenol	—	—	16	16
甘い	2-Ethylphenol	4	1024	4	1
フルーティー	*δ*-Dodecalactone	4	1	1024	–
香ばしい	Unidentified	—	4	4	4
フローラル	Indol	—	1	16	16
桜餅	Cumarine	—	64	1	–
バラ、はちみつ	Phenylacetate	4	64	256	256
バニラ	Vanillin	—	4	64	16

写真V-6　サフランの乾燥花弁

いった化合物の香気に対する寄与が認められた。これらの化合物が乾燥果実香気を醸し出していると考えられ、これがイラン産サフランの特徴と考えた。

以上の結果をまとめると、官能的に混じりけの少ないサフラン香が特徴であったAは、香りに寄与する成分数が少ないだけでなく、サフラン香に寄与する成分以外、香気寄与度の特別高い成分はみられなかった。一方で、それ以外のサフランについては官能的に特徴となる香りに関与する成分がそれぞれのサフランに対して寄与していることが認められた。これらの相違が生じる原因については不明であるが、特徴となる化合物は脂質の酸化やポリフェノールの分解によって生じる化合物である。つまり、収穫後の乾燥工程や輸送・保存期間中に生成・増加した成分であると考えられ、サフランの香りに関する地域差は、植物学的よりも環境要因によるところが大きいと推察された。

4）サフラン花弁の香り？

前項ではサフランの花柱、いわゆるサフランとして消費者が目にする素材の香りを分析してきた。サフランは実にもったいない素材で、花柱以外は使用されない。特に、花弁は淡紫色の色調を持ち（写真V-6）、実は香りもサフラン香を優しく香らせる。図V-11は、乾燥花弁から揮発する香りを捕集し、それをGC-MSにて分析した結果になる。これをみるとサフラン香を示すsafranalとisophoroneおよび4-ketoisophoroneが検出された。つまり、花弁がサフラン様の香りを有することが科学的にも認められたことになる。ただし、サフラン花弁が上述の香気成分を生合成していることを意味したわけではなく、花柱から発散される香気成分が付着している可能性は否めない。いずれにしても、いわゆるサフランの香りは保ちつつ異なる色調をもつ花弁は、新たな食品素材として活用できる可能性を

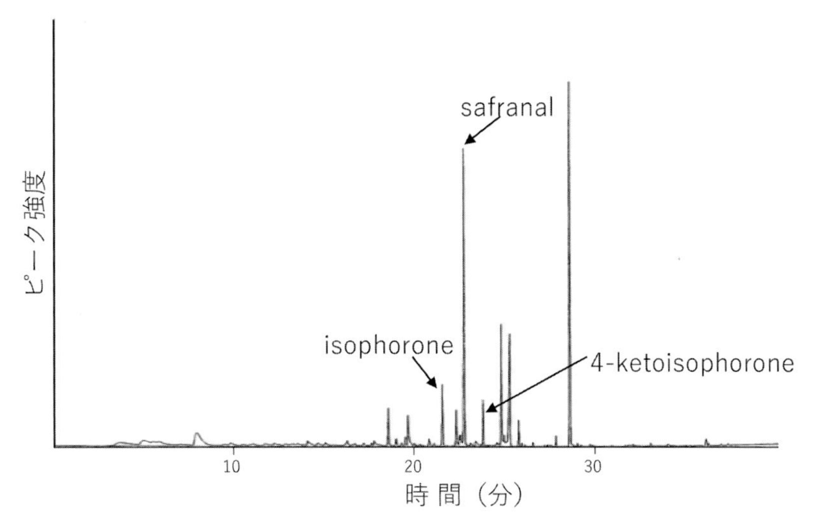

図V-11　サフランの乾燥花弁から発散される香気

有する。

5）香気分析の今とこれから

本項では、サフランの香りを最新のローテクを駆使した分析手法により評価した。サフランの骨格をなす香りは、他の論文でも報告されてきたサフラナールの存在が欠かせないことは間違いないものの、それらと同様の香気寄与度を示す成分が他にもあることがわかっていただけたであろう。特に、産地や保存状態の差によって生じる香調の差は、safranal以外の成分によることが今後のサフランの品質評価あるいは管理において参考になると考えている。香りの見地からものを見ていくと、従来語られてきた‘当たり前’とは異なる答えを得ることができる。本項でのサフランは、今までに語られてこなかった成分の活躍あるいは悪さがその答えとなる。最後に、分析以前に嗅覚で感じていたニオイの差を、分析機器の力を借りつつ嗅覚を頼りにその結果を成分レベルで明らかにしていく、これが最新の香気分析である。最近はシャーレの中で培養された嗅覚細胞による分析の可能性が論じられているが、しばらくはヒトの鼻の中で動く嗅覚細胞が分析機器の主力を保ちそうである。

第６章　薬用作物栽培における園芸療法利用と生産支援

1．国産生薬原料の生産・流通の課題

わが国で利用される薬用作物には多様なものがある。近年の漢方製剤などの生産額は約2,000億円で、このうち、国産原料は数量ベースで11％程度と推計されている。今後、漢方製剤などの需要は増加するとみられることから、薬用作物の国内生産拡大のため様々な支援が行われているが、多くの課題も指摘されている。

薬用作物の生産においては、一般的に種苗の入手が困難な場合が多く、栽培期間も長い。また、農薬類の使用も限定されている。さらに、日本薬局方の基準を満たす必要があり、有効成分をより多く含む植物体を安定的に生産するための栽培技術の確立がまず求められる。

一方、植物体の採取や収穫後には、乾燥など一定の調製作業が求められるものが一般的であり、なかには、サフランにみられるように、１つ１つ花からめしべを摘み取る「収蕊作業」など、繊細な作業を経て初めて利用可能になるものもある。また、流通に関しては、図Ⅵ-１に示す経路を辿るのが一般的であり、あらかじめ薬種問屋や製薬業者と単価や数量に関する契約のもとに栽培や採取が行われる直接取引となっている。契約によって安定的な取引価格が取り決められる一方、薬価（公定価格）の影響を受けるため、採算の取れる適切な価格で取引されているかは課題が残る。また、医薬品医療機器等法により医薬品以外への使用が制限される場合もあり、流通の自由度は、一般的な農産物と比較すると低いものとなっている。

こうした、調製作業や流通の課題は、薬用作物生産に取り組むネックとなる場合も多く、薬用作物生産の拡大のために取り組まなければならない課題の１つであると考えられる。

本節では、奈良県に位置するポニーの里ファームの事例をもとに、わが国における生薬原料の生産現場における薬用作物をめぐる多角的な取り組みを紹介する。また、オランダのケアファームの事例から、今後の薬用作物への取り組み方を考えてみたい。

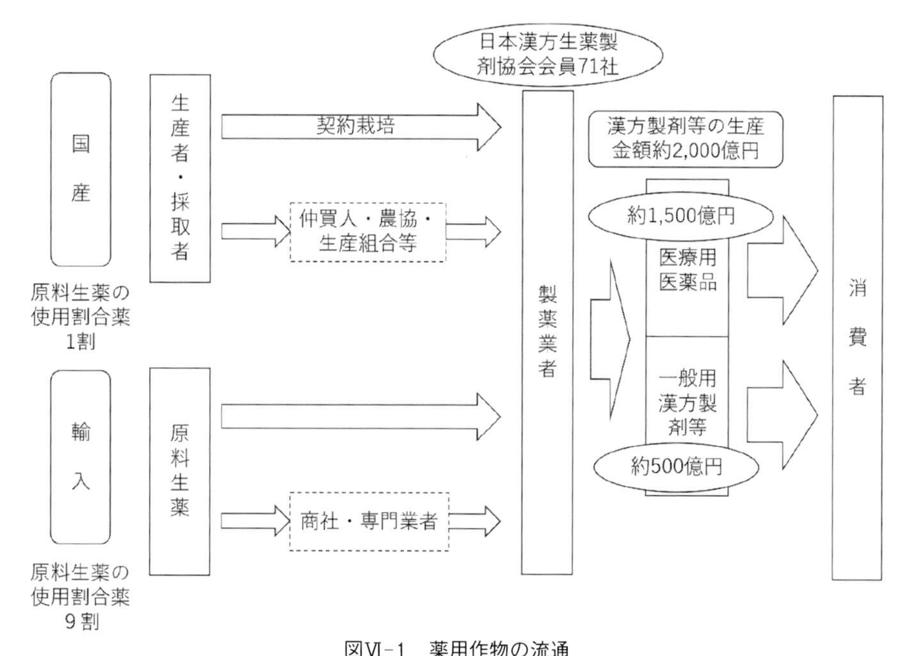

図Ⅵ-１　薬用作物の流通
農林水産省（2021）薬用作物（生薬）をめぐる事情から引用

表Ⅵ-1　ポニーの里ファームの概要

資本金	400万円	
設立	2006年	
従業員数	5名	
作業者	約20名	
沿革	1995年	有志が集い『ふれあい乗馬センターポニーの里』が開設
	2001年	『ポニーの里をつくろう会』がNPO法人化
	2006年	『有限会社ポニーの里ファーム』を創業
	2007年	農業体験事業をスタート
	2011年	薬用作物の試験栽培を開始
	2012年	大和当帰の栽培を本格化
	2014年	『やまとたかとり薬膳食房』をリリース
	2017年	『Re；KIHADA』をリリース
	2019年	キハダ苗の生産を開始

ポニーの里ファーム資料

2．障がい者の支援と生薬原料生産：農業生産法人ポニーの里ファームの事例

1）奈良における生薬生産

奈良は古代に中国から薬が伝来した地であり、薬用作物や薬に関する古代の文献も伝えられている。また、近世・近代にも薬商人や薬業創業者が活躍した。その歴史の中で、吉野地方で修験者が用いたと伝えられる陀羅尼助（だらにすけ）や戦国時代に端を発するという胃腸薬の三光丸（さんこうがん）などが現在でも製造・販売されている。

このような背景から、医薬品の製造・販売は、現在も奈良県の主要な地場産業と位置付けられ、奈良県では生薬の供給を拡大し、臨床・研究を経て漢方の普及を目指す「漢方のメッカ推進プロジェクト」を進めている。このうち、ステージ1の「生薬供給の拡大」は漢方の普及の第一歩と位置付けられる段階となっており、薬用作物生産拡大のための様々な支援が行われている。

2）ポニーの里ファーム

ポニーの里ファームは、奈良県高市郡高取町に位置し、1995年、障がい者のアニマルセラピーのための乗馬センターをもとにしたNPO法人の「ポニーの里を作ろう会」に始まり、2001年、福祉事業所を開設し、さらに、2006年、就労継続支援B型事業所である農業生産法人の有限会社ポニーの里ファームをスタートさせ、主に発達障がいのある作業者を受け入れている（表Ⅵ-1）。

薬用作物の栽培には、薬用作物を生産する農家の減少を背景に、奈良県からの働きかけなどにより2011年から取り組み、2021年現在は奈良県漢方のメッカ推進協議会にも所属している。2021年は、ポニーの里ファームの経営面積は約5haで、近隣農家からの農作業受託も行っている。栽培作物は、米、青ネギに加え、当帰、黄蘗の苗などの生産を行っている。また、薬用作物では、シャクヤク、サフランにも取り組み、出荷した実績を持つ。

3）薬用作物への取り組み

①柿蒂

柿蒂は柿のヘタの部分を指し、いわゆるしゃっくり止めとして利用され、日本薬局方外生薬規定では「カキノキ科カキノキの成熟果実に宿存

写真Ⅵ-1　農場内の施設で柿蒂を採取する作業

写真Ⅵ-2　乾燥中の柿蒂

した萼」と規定されている。

ポニーの里ファームよる柿蒂の生産は、2016年、大阪大学の髙橋京子准教授（当時）のプロジェクトの紹介によって取り組んだことにはじまる。JA（JAならけん）と契約し、過熟などにより出荷できない果実の提供を受け、農場内の施設で柿蒂を採取する作業を行っている（写真Ⅵ-1）。これを乾燥させて、地元の薬種問屋に納品している（写真Ⅵ-2）。

2021年のシーズンでは、薬種問屋と乾燥製品15 kgの納品契約を結んでおり、原料の柿4.5 tの処理を予定している。

現在、柿蒂の90％以上は中国から輸入されているが、そのほとんどは輸入される段階ですでに「刻み」の状態となっている。ポニーの里ファームでは、１つ１つ丁寧な作業を行うことにより、柿蒂の原型を留めた形で採取することができ、特に薄く割れやすい「萼片」は、薬能に影響を与える（薬効が高い）部位として期待されており、萼片が欠損していないことが付加価値を高めるものと期待される。

また、柿蒂採取後に廃棄される果実は、JAであれば産業廃棄物となるが、農場敷地内で堆肥としてリサイクルされている。こうしたことも廃棄物を低減する取り組みにつながっている。

②キハダ

キハダはミカン科キハダ属の落葉樹であり、

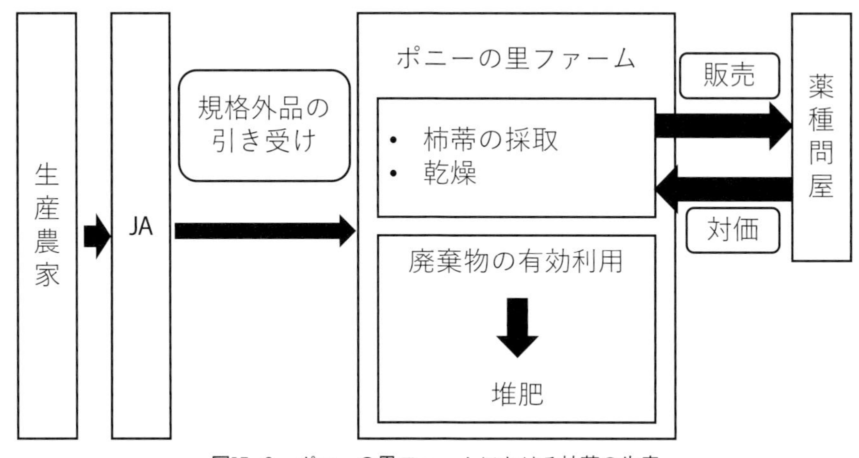

図Ⅵ-2　ポニーの里ファームにおける柿蒂の生産
ポニーの里ファーム聞き取り調査から筆者作成

日本薬局方の規定では「周皮を除いた樹皮」とされ、生薬としての黄柏は、胃薬および整腸薬として多くの漢方製剤に利用されている。

奈良県におけるキハダの生産は、増減を繰り返してきたものの、2008年頃から生産の減少が指摘されてきた。ポニーの里ファームでは、当初、奈良県が推奨する当帰の栽培に力を入れてきたが、県の振興政策によって当帰の作付けが増加してきたこと、黄蘗が利用されることなく放置され、急速に荒廃してきたこと、また、奈良県の支援などにより、2016年から黄蘗の作業に取り組み、2018年からは苗木づくりも開始している。

キハダが生育している土地および黄蘗自体の所有者は県内の農家・林家である。ポニーの里ファームでは、それらのキハダの伐採、販売を委託されているというのが一般的な契約である。

まず、キハダを伐採し、30～50 cm程度に切り分けるが、これにはポニーの里ファームが請け負えない作業も含まれているため、基本的に別の業者に委託している。次に、切り分けられたキハダの原木を現地あるいは作業場で、生薬原料として利用する内皮部分を剥ぐ作業を行う。そして、これを乾燥させ製品とし販売する。販売先は地元奈良の薬種問屋で、販売価格は乾燥製品1 kg当たり800～1,000円。このうち、約15%がポニーの里ファームの収入となる。

キハダの生薬原料として利用される部分は内皮のみであり、生薬原料としては利用されない部分が圧倒的に多い。ポニーの里ファームでは、葉は茶などの食品や製油・入浴剤、芯材は木工製品、外皮は和紙、実はクラフトコーラや料理用添え物など食用への利用を試みている（写真Ⅵ-3）。

黄柏は樹木としてのキハダを伐採することによって生産される。黄柏として利用できるようになるためには、樹齢12～20年が必要であるとされ（ポニーの里ファームでは主に樹齢20～30年のキハダを利用）、資源の継続的な利用のためには植林を欠くことはできない。ポニーの里ファームでは、奈良県森林技術センターの協力を得て、2018年から、種から栽培する苗木づくりを行っている（写真Ⅵ-4）。

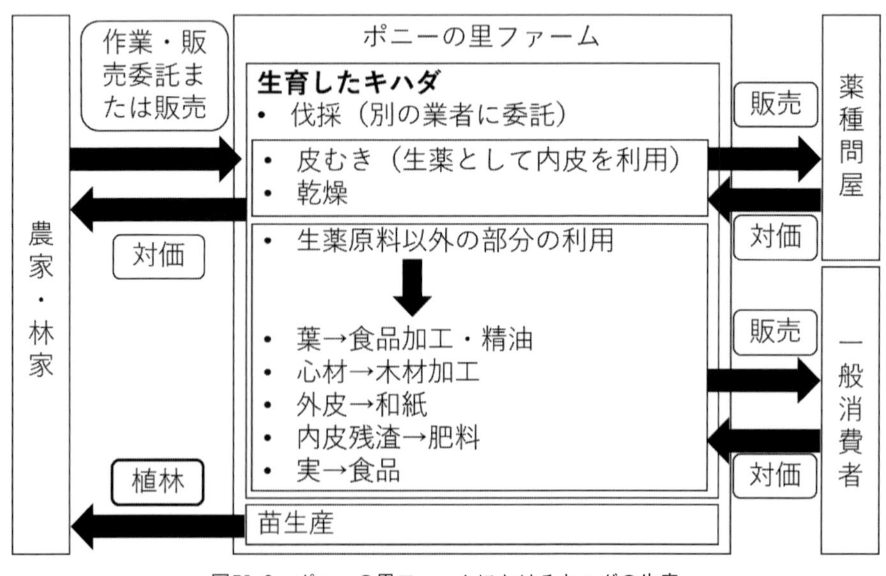

図Ⅳ-3　ポニーの里ファームにおけるキハダの生産
ポニーの里資料から筆者作成

写真Ⅵ-3　キハダのクラフト

写真Ⅵ-4　キハダの苗木栽培

4）事例からみえる成功要因と課題

薬用作物に取り組むポニーの里ファームの例を通して、今日の薬用作物生産の課題を検討したい。

第一に、薬用作物栽培や製薬に関する歴史的な背景をもとにした、奈良県による漢方の推進やそれに伴う具体的な支援、薬種問屋など、買い入れ業者が身近に存在しているということは大きな強みであると考えられる。

一方、これから薬用作物栽培に取り組みたい産地は、どのように買い手を見つけるかが課題となる。このような課題に対しては、農林水産省、厚生労働省および漢方生薬製剤関係団体などが連携し、薬用作物産地支援協議会を設置して生産者と実需者の交流機会（マッチング）を設定している。その中で、マッチングが成功しやすい条件として、中国産との価格差が小さい、すでに産地化に近い取り組み状況である、産地拡大や規模拡大の可能性がある、などが挙げられており、逆に、価格が折り合わない、産地拡大や規模拡大が見込めない、試験栽培で品質基準がクリアできなかった、個人の取り組みのため長期間の安定的な取引が望めない、などはマッチングが成功しづらい条件としてあげられている。このような条件は、一般的にどのような農産物にも当てはまるものであり、薬用作物生産振興のためには、生薬の納品形態や収穫後の処理（修治）などのきめの細かい支援が必要である。

第二に、福祉施設として、障がい者でも作業が行えるよう、作業を単純化し、危険性のない作業道具を用いて、障がい者の雇用を促進しながら多くの時間が必要な調製作業を行っていることである。

前述のとおり、薬用作物が生薬原料となるまでには多様な作業が必要であり、そのほとんどは手作業である。旧来の薬用作物の産地では、今後一層生産者の高齢化が進み、産地が縮小し、栽培技術が途絶えてしまうことも少なくないと考えられる。調製作業の単純化・マニュアル化によって、障がい者をはじめ多様な担い手が参入できる環境を整える重要性が指摘できる。

一方、ポニーの里ファームで一時取り組んでいたサフランは、収穫後の特定の作業時間にかけられる時間が数時間、数十時間という制約があり、終了まで作業者を拘束することはできず、結局スタッフが作業をせざるを得なくなり負担が大きくなったしまったことが課題となった。すべての薬用作物栽培とその調製作業が単純化・マニュアル化できるわけではないが、そうした方向を目指した技術開発も望まれる。

第三に、生薬原料して利用できない未利用部分を食品や工芸品に加工している点である。前述のとおり、薬価の制約から、採算の取れる妥当な価格で取引されているのかが課題であるが、全体での収益拡大を目指すことが重要である。

したがって、薬用以外にも、利用できる部分を積極的に利用し、収入につなげていくととともに、薬用作物の多角的利用を進め、認知度のアップやイメージアップにつなげていく必要があると思われる。

本プロジェクトの、「薬用作物は高付加価値農業を実現する新たな農資源」という視点からあらためてポニーの里ファームをみると、農業と福祉という異業種の提携から、薬用作物に関連する１つのネックとなっている作業時間の多さの解決を試み、一方では、未利用部分を利用することを通じて地元の食品企業との新たな連携を試みつつ、高収益化を目指していることが確認された。

こうしたことを可能としているのは、奈良県の歴史的な背景の恩恵も大きいが、そのシステムを今一度掘り下げて検討する必要があると思われる。

3．オランダのケアファームの実態と薬用作物栽培への応用の可能性

1）欧州で広がるケアファーミングという考え方

欧州では1960年から70年代に農業の持つ多面的機能に注目し、単に農業生産の高度化や単一化から一線を画し、新たな価値を見つめるケアファーミングが注目を集めている。特にオランダでは　農業の持つ癒やし効果や環境を活用し障がいのある方やメンタルケアが必要な方、認知症の高齢者などをサポートするケアファーミングが進められている。ケアファーミングを推進する農場をケアファームといい、オランダ政府と一体となってオランダ全土で展開されている。ケアファームでは、農業を活用し、利用者の治癒や改善、ケアを目的に進められている。そこで、本節では、オランダケアファームについて紹介するとともに、日本での障がい者ケア施設（作業所）の状況との比較から、薬用作物栽培での連携などについて検討してみたい。

2）ケアファーム発展の歴史

欧州では農業の持つ多面的機能に注目が集まり、農業の持つ癒やし効果や治療効果に注目したグリーンケアなどの農業が台頭している。1960年代に登場したこのような考え方に基づく農業は欧州各国で広がっている。オランダでもこの考え方がいち早く取り入れられ、Farming for Healthとして研究と活動が進められた。

3）ケアファームのコアバリューと活動概要

現在オランダにてケアファームを推進する全国組織として「オランダケアファーム連盟（Federatie Landbouw en Zorg）が設立され、ケアファームの設立支援や教育などを展開している。同連盟ではケアファームのコアバリューを以下の９つにまとめている。

社会的参加・帰属意識

参加によるサポートと感謝を受けることができる。帰属意識の情勢の中で、社会参加を促進し、自尊心を高めることができる。

有意義な活動と仕事の選択

農場での様々な仕事をチームの一員として行うことができ、仕事も選択することができる。

ともに健康な食事をする

参加者自ら生産に関わり生産された農産物を用いて健康的な食事をともに取ることができる。

体を動かす

ケアファームの様々な農作業を通して参加者が自然な形でケアファームの中で体を動かすことができる。

自然環境

ケアファーム内での屋外活動では多くの緑や自然の中で過ごすことができ、過剰な刺激を避けることができる。

農場のリズム

１日のスケジュールが決まっていることが多

く、ケアファームでの活動が参加者の生活のリズムを取り戻すことに貢献する。

パーソンオリエンティッドな指導

参加者の興味や希望、能力に応じて個人的な配慮がされる。参加者は介護農家（Care Farmer）と対等な関係で関わる。

普段の生活と同じように農場にいる

参加者は普段の生活と同じように農場にいることができる。

成長を促す刺激的な環境

参加者に様々な農業・アウトドア活動を提供し、参加者自身のスキルの維持やさらなるスキルアップをサポートし、自尊心の向上、さらには社会参加への後押しをする。

ケアファームは表Ⅵ-2に示すように、その規模が年々大きくなってきており、ケアファームを利用する利用者は2020年には30,000人に上っている。1ケアファームあたりの売り上げ高は24.3万ユーロに上り、農業の持つ多面的機能を活かした大きな市場へと成長している。

4）ケアファームの種類

ケアファームにて提供される農業の形態・サービスの形態は様々である。例えば、有機農業と慣行農法、耕種農業と畜産など様々な組み合わせが考えられる。主な形態では耕種・野菜作、球根栽培、果樹栽培、温室栽培、キノコ、酪農、肉牛、養豚、養鶏、山羊や羊、馬の牧場など様々である。また、農業活動に加え、造園業、乗馬スクール、ケータリング、自転車修理、直売所、教育活動などを実施している農場もある。これらの組み合わせにより、様々な活動を利用者に提供している。また、ケアファームは、介護活動は軽微で様々な農業活動の範囲を重視するタイプと、農業活動は軽微で介護を重視するタイプに分けられる。後者はホビーファームとも呼ばれ、生産活動などよりも、農村の原風景に触れる時間や空間を提供する介護活動に重きを置いた農園である。例えば認知症患者の利用者に対し、昔の農家の納屋を再現した作業場にて、簡単な作業を提供し、作業体験をしてもらうことで、幸せな時間を過ごしてもらうなどのサービスが提供されている。Jan Hassinkの整

表Ⅵ-2　ケアファーム数

	2007	2009	2011	2013	2018	2020
ケアファーム事業所数	756	870	1,050	1,100	1,250	1,300
売上高（百万ユーロ）	45	63	80	95	250	315
1事業所あたり売上高	60,000	72,500	75,000	87,500	200,000	242,500

表Ⅵ-3　ケアファームの区分

	2005年	2016年	増減	比率
畑作	29	32	3	+10%
施設園芸	72	46	-26	-36%
放牧畜産	327	439	112	+34%
畜産	43	40	-3	-7%
複合経営	53	57	4	+8%
合計	524	614	90	+17%

Hassink, J.（2020）より筆者作成

理によれば、表Ⅵ-3に示すとおり、農業センサスに登録された2016年のデータでは放牧畜産が439と最も多く、次いで複合経営57、施設園芸46、集約的な畜産40，畑作32となっている。

ケアファームを利用する利用者はおおよそ以下の通り分類される。すなわち、ユースケア（軽度の知的障がいや心的障がい、ADHD、自閉症スペクトラム障がいなどを持つ18歳以下の利用者）、知的障がい者、身体障がい者、精神疾患を抱える参加者（人格障がい、うつ病、不安障がい、燃え尽き症候群、双極性障がい、トラウマやストレス関連障がい、強迫性障がい、依存症など）、認知症患者、元受刑者など社会復帰を目指している利用者などである。このような多様な利用者に対し、それぞれの抱える障がいの重軽度を医学的な診断指標に基づき判断し、重度や軽度の区分を行った上で、農作業の不可や作業内容を提案している。サービスの形としては、デイケア（通所介護）での利用として、自宅や介護施設からケアファームに通い、4時間程度の滞在を行う利用形態や、滞在型ケアサービスとして、週末や休日などの24時間滞在してケアファームで生活する活動もある。この形態では、自立した生活を目指すための宿泊施設なども併設され、体験的・家庭的な活動を重視することで利用者が自立した生活ができるように援助している。いずれの活動も先に示したコアバリューに示されているとおり、参加を重視することにより社会への帰属意識を高め、自立を促す活動である。

ケアファームはオランダの公的医療保険より報酬が支払われ、運営されている。そのためAWBZなどの公的保険からの報酬に加えて、農産物販売などを通して得られる販売利益を加えた額が年間の総収入となる。制度の詳細については植田に詳しく紹介されている。

5）ケアファームの事例

農業主軸の施設園芸ケアファーム：
Zorgkwekerij Bloei

ペイナーケル市で三代目のラン農家ヤコ・デ・ホーフさんは1.35 haの温室でランの多品目栽培を行う。同農園は2016年から自閉症などの精神疾患患者を受け入れケアサービスを提供するケアファームを始めた。

約40年前の古い温室での小規模な同ラン農園では、少量多品目栽培を行いニッチ市場で付加価値を高める工夫をしている。

夫人のマヨレーン・デ・ホーフさんは20年間介護士として介護事業に従事した経験を活かしケアファームを運営している。オランダでは、特に小規模な農家が農業の多面的機能を活かし、ケアファームを始めるケースが増えているそうだ。同農園のように農家の主人と介護事業の経験のある夫人がケア事業を始めるケースが多いという。

現在約20名の利用者がおり、ラン生産の手伝いや、近隣の企業（水耕栽培、レストランなど）から受けているポットをトレイに入れたり、洗濯物を畳んだりする単純作業を行っていた。運営はマヨレーンさんを含む介護士資格者2人と、介護補助や送迎ドライバーを担う7人のボランティアで行っている。

同ケアファームの収入には、公的な医療保険や個人介護予算から、利用者の障がいや症状の度合いによって違いがあるが、平均で1人1日当たり1万円前後支払われる。同ラン農家のケア事業による売上は、農家総売上の15％を占め、ケア事業の売り上げシェアは年々拡大傾向にあるそうだ。ケアファームはケア事業の売上比が高い場合が多いが、この農家は農業を主軸においている珍しいケースである。

同ラン農家がケア事業と本来のラン栽培を上手に融合できている背景には、ランは生育から出荷までの期間が他の作物に比べて長く、単純作業も多いことがある。鉢の移動や除草作業など、利用者がストレスなく自分のペースで行える利点があり、同ファームでの農作業の内25%は利用者が行っている。ケアファームはこのように比較的作業にゆとりのある農家がケアファームを運営するケースが多く、酪農農家などが多いとのことである。

高齢者デイケア＆青少年への宿泊ケア：
Boerderij't Paradijs

Boerderij't Paradijsは12年間経営し、農水省大臣も視察に来たオランダでも有名なケアファームである。バルネフェルト市の森に囲まれたとても自然が豊かな場所にある。ワーヘニンゲン大学で農業を学んだ夫と介護を学んだ夫人が創業し、2021年に現経営者のJurian氏が継承している。もともとは同農地で農業およびケア事業を営んでいた老夫婦に後継者がなく担い手を探している時に、当時ケアファーム経営コンサルタントを行っていた創業経営者夫妻と知り合い継承することとなったという経緯である。

このケアファームでは、以下の3つの事業収益の柱を設けている。すなわち、デイケアサービス、農業、ケータリング事業である。デイケアサービスでは高齢者向けデイケアサービス、認知症患者向けサービス、精神障がいを有する成人向けサービス、就労支援、自閉症の子供たちへのサービスである。農業では食肉用牛（品種はオランダの古い品種であるfire-red cattleを冬以外は放牧で飼育し、肉は農園内での利用者向けとケータリング事業向けの食事に利用して、ショップでも販売している。

野菜栽培は、野菜は季節に合わせて約30種類を栽培し、養鶏は有機認証の採卵鶏を9,000羽飼育している。農地は17 haである。

ケータリング事業ではビジネスミーティング、ランチ＆ディナー、その他のミーティング向けサービスを提供しているほか、直売所も運営している。

同農場の利用者（同社では参加者と呼んでいる）は平均150名でその内訳は高齢者30名、就労支援30名、子供90名である。同社の売り上げはケア事業が65%、農業部門が35%となっている。また、農業事業の売り上げの90%は卵の販売で、販売先は70%が卸売企業、30%が地元のスーパーなどである。

経営者のJurian氏はケアファームの治癒効果を以下のように説明してくれた。ケアファームでは自然とのふれあいが提供できる。家畜や作物の栽培にはルーティン的な作業が必要で、自閉症や認知症疾患のケアにも有効である。同農場では毎日40名の参加者があり、様々な人と交流することで社会性を養うことができる。生産活動に従事することで社会に直接貢献でき、社会的な存在意義や必要性を感じられる。健康な食事を取ることができる。アクティビティーを通した身体的な運動ができるなどである。農場には有機栽培の圃場や牧草地が広がっており（写真Ⅵ-5）、この圃場は利用者が管理を手伝う。自然とのつながりから季節を感じられるとともに、農家ショップの客にも野菜には旬があることを伝えることができる。牧草地には25種類の牧草やハーブ品種を播種しており、土壌、牛、生物多様性にも良い。ここで生産する牛は牧草のみで生育（グラスフェッド）している。肥育している牛はfire-red cattle（オランダの古い品種）（写真Ⅵ-6）といい、社交的な牛でケアファーム

写真Ⅵ-5　有機野菜圃場

写真Ⅵ-6　fire-red cattle（オランダの古い品種）

写真Ⅵ-7　利用者が集うケアファーム

に合う。食用にもなり生乳もとれる。

6）ケアファームの日本への応用

これまでケアファームの概要を整理してきた。農業の持つ多面的機能の発揮と医療・福祉との連携は「農福連携」として日本でも広がっている。濱田の整理によると、最も早く議論されたのは1976年に登場した福祉農業の議論に端を発する。以後農業の持つ多面的機能の発揮などの観点から広がってきた。農福連携の議論が活発になっている背景には、農業の労働力不足と障がい者のリハビリ施設不足などの課題に対し、同時に解決できる方策として着目された経緯がある。農林水産省で進める「農福連携」はその基本的な考え方を「農福連携とは、障がい者等が農業分野で活躍することを通じ、自信や生きがいを持って社会参画を実現していく取組。農福連携に取り組むことで、障がい者等の就労や生きがいづくりの場を生み出すだけでなく、担い手不足や高齢化が進む農業分野において、新たな働き手の確保につながる可能性もある。近年、全国各地において、様々な形での取組が行われており、農福連携は確実に広がりを見せている」としており、ケアファームの考え方に通ずるものがある。農福連携は農業の持つ多様な価値を活かした福祉と、障がい者や利用者とともに高める農業の価値をしっかりと活かし、新しい産業を生み出すことにつながっている。農業と福祉の連携が人々の暮らしの中の幸福感を高めることに貢献している。

薬用作物の栽培においても、手間のかかる生産や加工の工程がケアファームのようなケア施設に導入できる新規作物や新規作業に当たるのではないかと考える。医薬品の原料を作り医療に貢献できる農業への取り組みは、生産者や施設利用者のやりがいにつながるのではないかと考える。今後、適地適作を基本に、施設利用者のニーズに合わせた栽培品目の選定や作業工程の選定なども加味し、薬用作物の栽培に応用することも可能であると考える。

第7章　特産農産物のアグリビジネス開発

1．園芸作物アグリビジネスの課題と基本的な考え方

高付加価値な農業の実現には、新しい作物の導入が不可欠である。その新しい作物として薬用作物に注目が集まっている。薬用作物は漢方薬の原料以外にも、食品用途や化粧品など様々な商品での活用が期待できる。歴史を紐解き、過去に栽培されていた薬食同源の園芸作物や未利用作物などを探索し、農業と薬用での利用可能性を見いだし、持続的かつ高収益な農業の実現を目指す。そこで、本章では、史的研究、医薬学、農学、食品科学、農業経済学の専門家が、特産園芸作物の探索、生産から加工・販売を通じて消費者に至るまでのバリューチェーンに応じた研究課題に共同で取り組み、果樹（柿、桃）、シャクヤク、サフラン・ブクリョウなどを対象に、医薬学、農学、食品科学、農業経済学の英知を結集して、特産園芸作物の高付加価値化を目指した総合利用技術開発、薬用作物を活用した異分野連携アグリビジネスを提案することを目的とする。

アグリビジネスを考える上での課題を挙げると以下のとおりである。すなわち、自然相手の農業経営において、適地適作を基本に、自らが経営を行おうという農地に何が適しているかという見極めが難しい点、栽培に適した品目の栽培品種がきちんとあるということ、栽培技術の蓄積と継承ができていること、新しい販路を含む多様な利用形態が検討されていること、栽培を進める上での協力機関や連携先が確保できていること、年間の収支計画ができていることなどである。例えば、栽培を試みる園芸作物が、野菜や花卉などの草本類であれば単年度での栽培と収益化が可能であるが、桃や柿などの果樹類であれば、これらが生育する期間の収益確保が課題となる。また、適地適作を考える上で、過去の栽培の歴史や地域の特産品の展開などをしっかりと調べ、先人が開拓した地域の栽培史を検討し、これらに適した品目と品種の選定が重要である。さらに、導入しようとする作物の多角的な利用について、事前に検討し、農地から生産される収穫物の多角的利用と収益化を検討する必要がある。

2．園芸作物ビジネスモデルの作成手順

園芸作物のビジネスを考える上でまず取り組むべきは、ニーズ把握とビジネス環境分析である。園芸作物の栽培に着手する場合、生産を目指す品目のニーズがどれくらいあるか、どのような販路が考えられるか、どのような課題が顕在化するか、どのような支援が得られるかといった様々な側面について事前に検討を進める必要がある。これらについて、ビジネスの戦略立案の場面では環境分析のためのSWOT分析という手法がよく用いられている。SWOT分析とは図Ⅶ-1に示すように今後展開していこうという事業について、外部環境、内部環境、それぞれを強み、弱み、脅威、チャンスに仕分けし、徹底的に検討することである。

合わせて、ビジネス外部環境分析手法としてPESTEL分析がある。この手法は、ビジネス環境をPolitics（政治）、Economics（経済）、Social

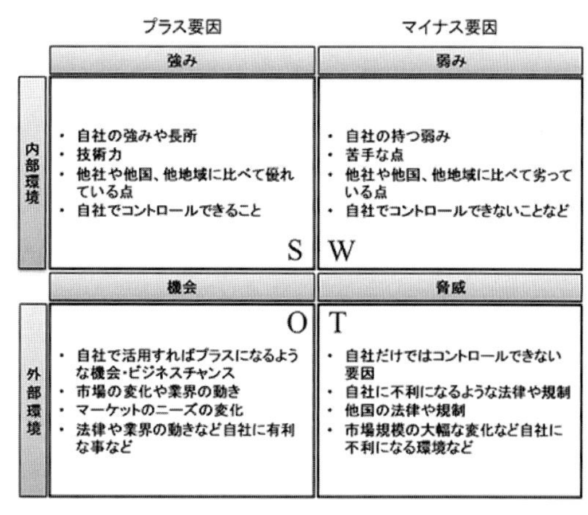

図Ⅶ-1　SWOT分析の基本フレームワーク

(社会)、Technology(技術)、Environment(環境)、Legal(法律)の各観点から分析する手法である。いずれも、自社の置かれている状況を客観的に分析し、よりわかりやすく将来ビジョンやビジネスモデルを検討する基本的な考え方である。

ここで、薬用作物の栽培を考える上でのSWOT分析を行ってみることとする。図Ⅶ-2は分析結果をまとめたものである。

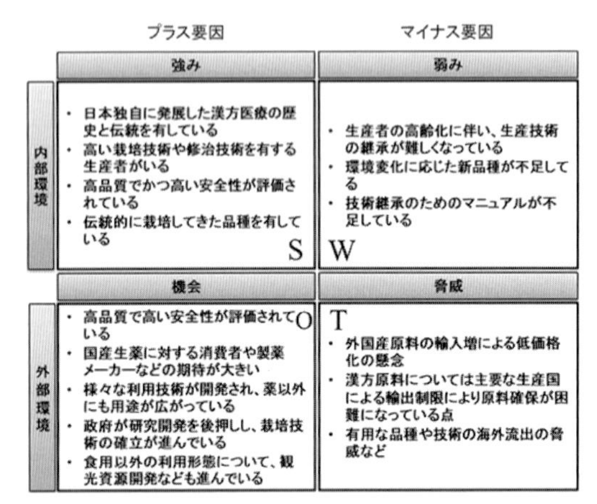

図Ⅶ-2　薬用作物栽培のSWOT分析

日本で漢方原料となる薬用作物の栽培を進める上での強みとしては、日本独自に発展した漢方医学の歴史と伝統を有している、高い栽培技術や修治技術を有する生産者がいる、高品質でかつ高い安全性が評価されている、伝統的に栽培してきた品種を有しているなどが挙げられる。我が国独自の伝統栽培技術を有しているということは、何よりも強みとなる。一方で弱みとしては、生産者の高齢化に伴い、生産技術の継承が難しくなっている、環境変化に応じた新品種が不足している、技術継承のためのマニュアルが不足しているなどが挙げられる。従来より生産の少ない薬用作物の栽培には、他の園芸作物に比べて技術や知見が少なく、また研究開発投資も多くされていなかったことから、技術や品種の弱さが浮き彫りとなっている。

一方で機会としは、高品質でかつ高い安全性が評価されている、国産生薬に対する消費者や製薬メーカーなどの期待が大きい、様々な利用技術が開発され、薬以外にも用途が広がっている、政府が研究開発を後押しし、栽培技術の確立が進んでいる、食用以外の利用形態について、観光資源開発なども進んでいるなどが挙げられる。本書第1章で紹介した消費者調査などからも明らかなように、日本産の薬用作物に対する期待は大きく、ニーズが高まっている状況である。まさに市場が求めている状態であり、よりよい原料を提供することが期待されている。

最後に脅威として外国産原料の輸入増による低価格化の懸念、漢方原料については主要な生産国による輸出制限により原料確保が困難になっている点、有用な品種や技術の海外流出の脅威などが挙げられる。

このようにSWOT分析により薬用作物栽培の課題や機会を明確にし、今後のアグリビジネスモデルの検討を進めることが重要である。

3．新規特産園芸作物に取り組む際の検討事項

新規に特産園芸作物の栽培にとり組む場合に、農業経営全体の収支構造を考えビジネスモデルを検討する必要がある。その検討に際し、下記に挙げる情報を収集し検討すると良い。まず、取り組もうとする作物の地域での栽培の歴史と年間の作業をまとめた栽培暦(さいばいごよみ)あるいは作業体系と呼ばれる年間作業工程表、地域に適した品種リスト、作物に適応した肥料や使用が許可されている登録農薬、栽培にかかるコスト計算、収益を見越した収支計算、販路や流通経路、取引条件の確認、支援団体である。特に栽培を進める上で重要なのは、栽培暦や作業体系であり、年間の作業をイメージして、労働配分、資金配分を検討しておく必要がある。栽培暦や肥料や農薬などの資材のリストは地域

のJAや農業改良普及センターにて整理している場合が多く、公的機関で作成された栽培情報を活用すると良い。一方で、特殊な薬用作物などは、広く普及される栽培暦などが整備されていない場合が多く、地域にて伝統的に作られていた方法を口述記録などにより整理し、独自の栽培暦の作成が必要な場合もある。これらの整理は、市町村行政の農政担当窓口などに問い合わせると情報が得られる。また、奈良県のように薬用作物栽培を推進している自治体では、独自の資料を作成していると思われるため、各県や地域の取り組み状況を見極め、問い合わせることをおすすめする。

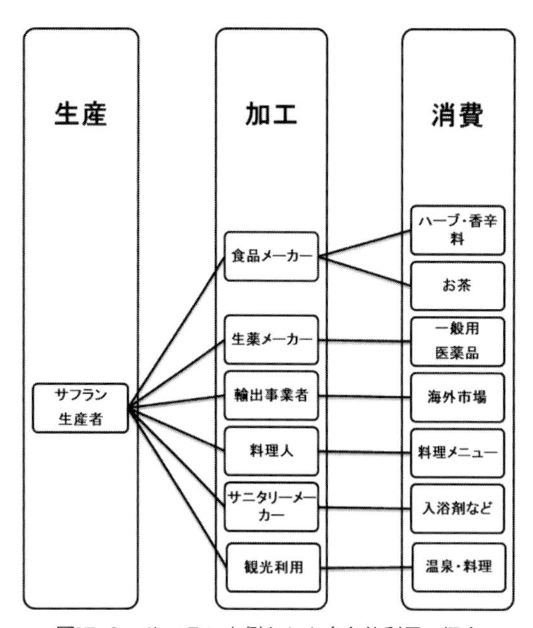

図Ⅶ-3　サフランを例とした多角的利用の概念

4．園芸作物の多角的利用技術

園芸作物の高収益化を考える上で、多角的利用技術による未利用部位の活用も含めた総合利用を検討することは極めて重要である。その際に薬用で規定されている部位、食用として利用可能な部位、その他活用が可能な部位をそれぞれ検討し、その活用方法に合わせた栽培方法収穫方法を検討する必要がある。例えば芋焼酎を考えてみる。芋焼酎の原料は黄金千貫というサツマイモ品種が主である。サツマイモは収穫され、酒造メーカーにより蒸留され焼酎になる。一方で蒸留された後のもろみは焼酎粕と呼ばれ廃棄物となる。この廃棄物の部分を畜産の餌や肥料、除草剤などとして活用することが進められている。従来廃棄物であった副産物も含めて有価物として利益を上げることが可能であるから、アグリビジネス全体の利益を高めることができている。このような考え方に基づけば、本書で取り上げた柿や桃、サフランも様々な多角的利用が考えられる。また、1つの品目から様々な最終商品を考えることも、収益最大化を目指したアグリビジネスを考える上で重要である。図Ⅶ-3は多角的利用を目指した概念図である。

医食同源の観点から、様々な薬用作物の食利用が進められているが、その際に効果効能をうたわない限り薬用と見なさない、あるいは専ら医薬品として使用すべき物との区別が厚生労働省より公表されリスト化されている。やみくもに健康効果や薬効をうたっての商品展開は違法となるため注意が必要である。これらは、「医薬品的効能効果を標ぼうしない限り医薬品と判断しない成分本質（原材料）リスト」および「専ら医薬品として使用される成分本質（原材料）リスト」として随時厚生労働上のWEBサイトにて公開されている。なお漢方にも用いられるサフランは「医薬品的効能効果を標ぼうしない限り医薬品と判断しない成分本質（原材料）リスト」にリスト化されており、効果効能をうたわない限りサフランティーなどの加工品にて食用として販売が可能である。このほか身近なところでは、ヨーグルトなどに入っているアロエや甘味料としての甘草などもこの区分である。両方のリストを見比べると、アロエの葉肉は食品として活用できるが、液汁は専ら医薬品としての活用が規定されており、注意深くこの2つのリストを見比べ確認する必要がある。

表Ⅶ-1　本章で取り扱う園芸作物と未利用部位

	利用部位	未利用部位	備考（生薬名）
桃	果肉	種	桃仁（トウニン）
柿	果肉	蔕（へた）	柿蒂（シテイ）
サフラン	めしべ	花	

本章では柿、桃、サフランを取り上げ、これら園芸作物の多角的利用を検討した。これらを整理すると表Ⅶ-1になる。すなわち、桃、柿、サフランであり、それぞれ種、へた、花などを未利用部位として活用する。

写真Ⅶ-1　耕作放棄地（修復前）

写真Ⅶ-2　耕作放棄地（修復後）

写真Ⅶ-3　耕作放棄地に導入したシャクヤク

5．園芸作物栽培がもたらす地域効果

園芸作物栽培がもたらす地域効果・経済効果について、以下が考えられる。これらの新規作物の導入により遊休農地（利用されていない農地）や耕作放棄地の解消が促進される。耕作放棄地などは地方自治体の大きな課題であり、地域にある優れた農地が、農家の減少により荒れていく状態をいかに食い止めるかが課題である。写真は大分県にある筆者の圃場であるが、ビニールハウスにてトマト栽培をしていた圃場が耕作放棄になり、荒れていたところ、シャクヤクの栽培のために再度整備した状況である。

また、新規作物の導入により、新たな特産品の開発や観光資源としての活用なども考えられる。例えば、シャクヤクなどは5月の開花期にきれいな大輪の花を咲かせる品種もあり、シャクヤク圃場自体が観光資源として活用できる。もちろん園芸用として活用できる品種から薬用にも活用できる品種などを選択しておく必要はあるが、栽培体系に合わせて活用することができる。また、特産品開発を進めることで、高付加価値な商品として販売が可能になる。例えばサフランは、薬用に加えて、サフランティーや入浴剤などが開発され地域の特産品になっている。サフランの球根自体を室内栽培マニュアルと共に販売し、家庭園芸用として楽しむことも可能である。このように、単に原料を生産栽培するだけではなく、多様な用途・商品開発をすることで、様々な収益構造を作ることができる。

また、新規の作物では地域の障がい者施設や高齢者施設と連携し、作物の持つ癒やし効果の

写真Ⅶ-4　オランダのシャクヤク畑

発揮を目指した取り組みや、軽労作業を中心とする仕事の創出・労働力不足の解消といった効果も期待できる。このように、様々なプラスの効果を目指して、ビジネスモデルを構築することで、地域の抱える様々な課題解決の一助となる。

6．共創的連携コンソーシアムの展開

コンソーシアムとは、2つ以上の個人・企業・団休・政府から組織され、共同研究や共同事業などを行うことを目的に結成される団体のことをいう。このコンソーシアムを考える際に重要となるのが、コンソーシアムに参加している生産者や企業間の利害関係をどのように調整していけばよいかという点である。これらは、企業間マネジメントと呼ばれる。コンソーシアムのようなケースでの企業間の関係には、原材料などの取引関係の継続性や参加企業の発展性の観点から、短期的に個々の取引をビジネスライクに取り扱う取引関係と、長期的な関係を志向し信頼関係を基盤とするパートナーとしての取引関係があり、これらは、Exit型（退出型）とVoice型（発言型）に分類されている（表Ⅶ-2）。目的や関係深化の段階に応じて異なる型を有することになるが、継続的な発展を目指す6次産業化においてはVoice型（発言型）の方が望ましいと考える。

一方で、プラットフォームとは「場」の概念に等しいといわれている。プラットフォームは、小見によると「イノベーションを創発するネットワークでつながった入れものであり、そのプラットフォームは自由、信頼、信用、情報共有などの条件を有している」とされている。プラットフォーム戦略は、多くの関係するグループを「場」に載せることによって外部ネットワーク効果を創造し、新しい事業のエコシステム（生態系）を構築する戦略である。コンソーシアムの上位の目的、例えば新品種などの「共通価値」の創出を目指す組織がプラットフォームであり、コンソーシアムはそれら新品種を用いた製品開発などの共同プロジェクトであると考えてよい。そのため、プラットフォームはオープンな団体であり、コンソーシアムはややクローズドである。これらはどちらが先になるかは一様ではない。研究プロジェクトからコンソーシアムが生まれ、その後により上位のプラットフォームが形成される場合もあるし、プラットフォームのエコシステムからコンソーシアムが生じていくつかの研究プロジェクトが開始される場合もある。

このような産学官連携コンソーシアムを形成することが、新しい作物の産地化のポイントである。

図Ⅶ-4は本書で取り上げたサフランのモデルケースを示したものである。

表Ⅶ-2　Voice型とEXIT型のコンソーシアム

	Voice型	Exit型
問題発生時	共同解決	関係解消
取引期間	長期的	短期的
取引形態	関係性重視・パートナー	契約重視・スポット取引
関係規範	広範囲（例えば共同開発・デザインを含む）	限定的（例えば、完成品売買取引のみ）
関係依存的投資	する	しない
共同学習	重要	重要ではない

Helper S. 1991を参考に筆者作成

サフラン室内栽培という伝統的な栽培技術を活かし、多様な主体とともに生産の拡大、新商品の開発、新事業の開拓、地域全体の利益の最大化を目指す取り組みとして新た価値の創造が期待できる。同様の共創的なコンソーシアムを桃の産地、柿の産地あるいは薬食同源に貢献できる新しい作物に取り組む産地において次々と設立し、地域全体の利益を確保しながら、薬用作物生産の振興と、地域活性化の同時実現を目指すことが理想である。

7．総括

本章では特産農産物のアグリビジネス開発に向けての基本的な考え方について整理した。特産園芸作物や薬用作物の栽培に必要な情報、ビジネスを考える上での基本的な考え方などの整理を通して、地域農業への新規作物の導入効果を検討した。様々な地域で伝統的に作られていた薬用作物が生産者の高齢化に伴う技術の消失の危機を迎えている。多くの先人たちが切り拓き守り続けてきた伝統技術が消えゆくことはなんとも忍びなく、我々世代がきちんと引き継ぎ、次世代へ継承していくことが極めて大切であり、次世代を生きる生産者への使命であると考える。

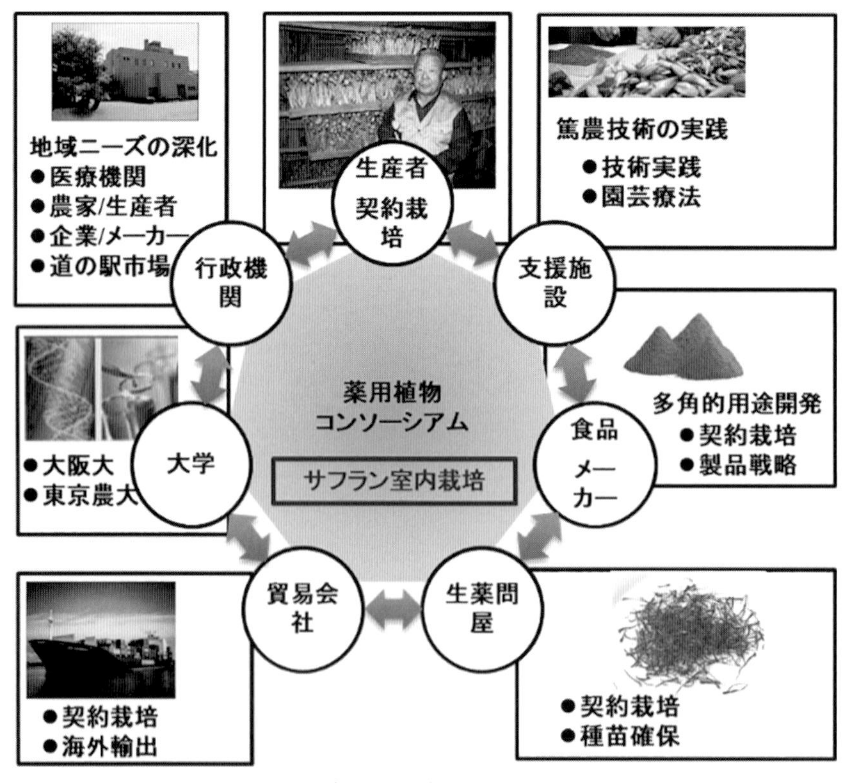

図Ⅶ-4　サフランの生産拡大を目指したコンソーシアムアイディア

付録　家庭で簡単にできるサフラン料理

本書では薬食同源を目指して、薬用作物を対象とした研究を取り上げた。ここでは、大分県竹田市出身の大久保智尚シェフ考案の家庭で簡単にできるサフラン料理メニューを紹介する。

- 分量は全て４人分です。
- 全ての料理のサフランの分量は親指、人差し指、中指の三本でつまめる量とします。
- サフランはグラム計量できないので三本指の感覚がちょうどよいかと思います。
  もちろん、もっとサフランの香りと色を楽しみたい方は豪快に投入しても構いません。
- 塩、胡椒、オイル、バターなどはレシピの分量外のものも調理工程に含んでいます。

サフランクラムチャウダー

分量（4人分）

1. サフラン
2. あさり　300g
3. 白ワイン　50mℓ
4. ベーコン角切り　30g
5. にんじん　玉ねぎ　キャベツ　ジャガイモ
   （全て角切り）　各30g
   お好みのお野菜でも構いません
6. 水　300mℓ
7. 牛乳　100mℓ
8. 生クリーム　50mℓ
9. チキンブイヨン　3g

作り方

①蓋付きの鍋にあさりと白ワイン、サフランを入れ、蓋をして中火で火をつける。
②口が開いた順に、あさりを取り出す。
③あさりの口がすべて開いてとり出したら、鍋の中にベーコンとすべての野菜、水、牛乳、生クリーム、チキンブイヨンを入れ、蓋をせずに弱火でコトコト煮る。
④野菜全体に火が通ったら味見をして、塩、胡椒でお好みの味に調える（柔らかい野菜や食感が残っている野菜があると食べたときに口の中が楽しいです）。
⑤仕上げに分量外の少量のバターやお好みのオリーブオイルを落としても良い。

サフランぶた豚しゃぶポトフ

分量（4人分）

1. サフラン
2. キャベツ　4分の1
3. にんじん　1本
4. ジャガイモ　大1個
5. カブ　大1個
6. カリフラワー　4分の1
7. 豚バラスライスしゃぶしゃぶ用　240g
8. 水　600mℓ
9. チキンブイヨン　3g
10. 塩少々
11. 牛乳　100mℓ

作り方

①最初に豚バラ肉に塩（分量外）をしっかり目にして、置いておく。
②蓋付きの鍋にサフラン、野菜、水、チキンブイヨン、塩を入れて、蓋をして中火で煮る。決してグラグラと沸かした状態にはしない。
③野菜がゆっくり柔らかく火が通った状態になったら、味見をしてお好みで塩、胡椒で調えて、塩が全体に馴染んだ豚バラスライスしゃぶしゃぶ用の肉を鍋の野菜に蓋をするように広げてのせる。ここで火を強火にする。
④全体的にグラグラ沸いてきたら、鍋の蓋をして火を止めて蓋をしたまま5分置いておく。
⑤蓋を取り、豚バラ肉に火が通っていたら完成。お肉が硬くなりすぎないように注意する。肉に火が入っていない場合はもう一度、鍋に蓋をして強火でグラグラさせる。

サフランエスカベッシュ（南蛮漬け風）

分量（4人分）

1. サフラン
2. 魚　300g　写真はキビナゴ（ワカサギやマメ鯵、細切りにした白身魚でも代用可）
3. ニンニク　2分の1片
4. 玉ねぎ　2分の1
5. にんじん　2分の1
6. セロリ　30g
7. パプリカ　30g
8. 白ワイン　50mℓ
9. 白ワインビネガーもしくは米酢　55mℓ
10. はちみつ　15g
11. 塩　2g
12. 水　150mℓ

作り方

①キビナゴは塩、胡椒（分量外）の下味をし、片栗粉をつけて180℃の油で揚げておく。
②平らなステンレスバットやタッパーに移す。その際、油はしっかりきっておく。
③フライパンにオリーブオイル（分量外）とニンニクを入れ、弱火でニンニクの香りを引き出す（ニンニクは焦がさない）。
④ニンニクの香りが立ってきたら中火にして、玉ねぎ、にんじん、セロリを加えてしんなりする程度に炒める。
⑤しんなりしてきたら強火にして、サフラン、白ワインを加えて、アルコール分を飛ばし、白ワインビネガーもしくは米酢を入れる。
⑥ビネガーのツンツンする香りが弱まり、野菜やサフランと酸味の心地よい香りになったら火を中火にして、はちみつと塩、水を加え、全体の水分量が半分になったら味見をして、好みの味に調え、フライパンの中の野菜と調味液が熱々の状態のまま容器に広げておいた揚げてあるキビナゴにかける。
⑦加熱したことによって飛んでしまった酸味が必要なときは、レモンやかぼす、ゆずなどの果実酢をお好みで加えても良い。熱々のときにすぐ食べても美味しいが、一晩寝かせて、野菜と調味液が馴染んだあともまろやかな酸味に変わっていて美味しい。

鶏モモ肉のサフランクリーム煮

分量（4人分）

1. サフラン
2. 鶏モモ肉　2枚
3. 白ワイン　120mℓ
4. チキンブイヨン　3g
5. 水　300mℓ
6. 生クリーム　120mℓ
7. 付け合わせ　パスタもしくは炊いたお米

作り方

①鶏モモの肉は1枚を8カットする。
②カットした鶏モモ肉に塩、胡椒（分量外）の下味をつける。
③さらに全体的に小麦粉（分量外）をしっかりまぶす。
④フライパンに火をつけ、サラダ油（分量外）をしき、中火で鶏モモ肉をまとっている小麦粉が全体的にキツネ色になるまで焼く。
⑤綺麗な焼き色がついたら（IHコンロならそのまま、ガスコンロであれば火を消してフライパンをコンロから外して）、白ワインとサフランをフライパンに注ぐ。
⑥弱火にしてゆっくり白ワインのアルコール分をとばしていく。
⑦全体の水分量が少なくなり、煮詰まった白ワインがとろっとしてきたら、水とチキンブイヨン、生クリームを加え、中火にする。
⑧フライパンの中のクリームが煮詰まってきて、サフランの綺麗な色とクリームのとろみが出てきたら、味見をして、塩、胡椒でお好みの味に調える。
⑨お皿に茹でたパスタや炊いたお米、お好みの野菜を添えて完成。

シーフードのソテーとサフランライス、酸味を加えたサフランソース

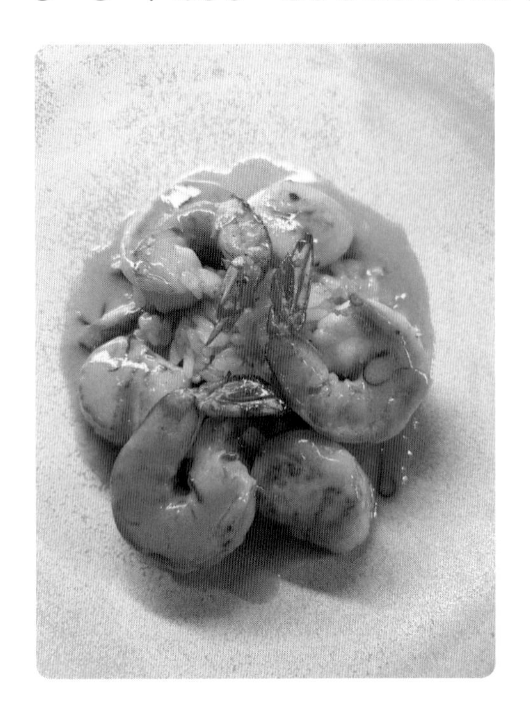

分量（4人分）

1. エビ、ホタテ、白身魚などお好みで
2. お米

作り方

①先に紹介したサフランクラムチャウダーと鶏モモ肉のサフランクリームのスープやクリームソースが残った場合、残ったスープやクリームソースをソースパンに入れ火にかけて、一度沸かす。

②火を止めてすぐスープやクリームソースの分量に対して5分の1の食塩不使用のバターを加える。

③バターが溶けて全体に馴染んだら、レモン果汁を少し加える。魚介用のサフランクリームソースが完成。

フライパンで焼いた白身魚やホタテ貝、海老のソースとしてどうぞ。炊飯器にお米2合に対して3本指で摘んだサフランを加えて炊いたサフランライスを付け合わせにすると、サフランの味と香りを楽しめる。

サフランマドレーヌ

分量（4人分）

1. サフラン
2. 牛乳　10g
3. バター　150g
4. グラニュー糖　110g
5. 薄力粉　150g
6. はちみつ　15g
7. 全卵　3個
8. ベーキングパウダー　5g

作り方

①一晩、牛乳の中にサフランを入れて色を出しておく。
②ボールに泡立て器で滑らかに混ぜることができるくらいバターを柔らかくしておく。
③バターが全体的に柔らかくスムーズに混ぜることができる状態になったら、牛乳とサフラン、グラニュー糖とはちみつを加え、全体をなじませる。
④よくときほぐした全卵を加える。
⑤最後に振るっておいた小麦とベーキングパウダーを加え、全体を均一な生地の状態にする。
⑥絞り袋に入れ、マドレーヌの型に流し、200°Cの予熱で温めたオーブンで180°Cに落として6分焼き、前後を入れ替えてさらに7分焼く。

家庭用のオーブンとマドレーヌ型の大きさ、生地の厚さで、焼き時間が変わる。一度2～3個試し焼きをして状態を把握してから本格的に焼くのがおすすめ。

かぼすサフランゼリー

分量（4人分）

1. サフラン
2. かぼす果汁　500mℓ（もちろん、ユズやレモン、すだちなどのお好みの柑橘で）
3. グラニュー糖や上白糖、はちみつなどのお好みの糖分をお好みの量で
4. ゼラチン16g　粉ゼラチンでも板ゼラチンでも分量は一緒です

作り方

①かぼす果汁を鍋に入れて30°C以上に温める。
②糖分を加えて、お好みの味に調える。
③火を止めてふやかしたゼラチンを入れる。
④お好みの型にゼリー液を流し込み、冷蔵庫で12時間以上冷やし固める。

食べ方は自由。そのまま、お好みのジュースをゼリーの中に注ぐ、カットしたお好みの果物と合わせる、お好みのアイスクリームやシャーベットと合わせる、パフェに仕立てるなど、組み合わせを楽しめる。

参考文献

（注）各章に関連する文献を記載

第1章

1. 小山鐵夫，『資源植物学　研究方法への手引き』講談社（1984）
2. 小山鐵夫，ILLUME 6(1)，33-48（1994）
3. 髙橋京子，小山鐵夫，『漢方今昔物語 生薬国産化のキーテクノロジー（大阪大学総合学術博物館叢書11)』大阪大学出版会（2015）
4. 難波恒雄，薬膳原理と食・薬材の効用(1)，日本調理科学会誌，32(4)，374-379（1999）
5. 御影雅幸，木村正幸『伝統医薬学・生薬学』南江堂（2009）
6. 難波恒雄，『原色和漢薬図鑑（上・下）（保育社の原色図鑑56, 57)』保育社（1980）
7. Morisaki T. & Takahashi K. "Evidence-based medicine in herbal treatment: Benefit to assess quality of life (QOL)." *Journal of Traditional Medicines*, 30(1), 1-8 (2013)
8. 日経メディカル開発，漢方薬使用実態及び漢方医学教育に関する意識調査2012
9. 後藤一寿，関東東海農業経営研究，105，15-19（2015）
10. 日本漢方生薬製剤協会総務委員会編，平成24年薬事工業生産動態統計年報（2014）
11. 姜東孝，生薬の国内生産の重要性，生物工学会誌，88(8)，392-394（2010）
12. 厚生労働省．第十八改正日本薬局方．https://www.mhlw.go.jp/content/11120000/000788359.pdf (cited 2022-02-07)
13. 髙橋京子，上田大貴，針ヶ谷哲也，髙浦（島田）佳代子，山田亨弘，山岡傳一郎，生薬原料委員会調査報告（Committee for Raw Materials of Crude Drugs）医師の湯液処方に対する認識及び生薬使用量の実態に関する調査，日本東洋医学雑誌，70(4)，399-408（2019）
14. 髙橋京子，大和・大宇陀「森野旧薬園」の生薬資源：環境社会学的意義（特集 生薬の安定供給と資源ナショナリズムの共生）生物工学会誌，92(7)，335-339（2014）
15. 合田幸広他監修，『日本生薬関係規格集2014』じほう（2014）
16. 姜東孝，（タイトル不明），薬用植物研究，29(2)，24-30（2007）

第2章

1. 髙橋京子，『森野藤助賽郭真写「松山本草」森野旧薬園から学ぶ生物多様性の原点と実践』大阪大学出版会（2014）
2. 髙橋京子，森野燾子，『森野旧薬園と松山本草 薬草のタイムカプセル（大阪大学総合学術博物館叢書7)』大阪大学出版会（2013）
3. 髙橋京子，小山鐵夫，『漢方今昔物語』大阪大学出版会（2015）
4. 髙橋京子，大和薬種の伝統：歴史と風土に守られた奈良の生薬，（依頼原稿）季刊 approach Autumn, 223，4-5（2018）
5. 髙浦（島田）佳代子，髙橋京子，渡部親雄，文献資料と現地調査によるサフラン栽培法の変遷検証：竹田式栽培法の特質，薬史学雑誌，54(1)，31-38（2019）
6. 髙橋京子，国指定文化財史蹟 森野旧薬園，薬用植物研究，37(1)，33-40（2015）依頼原稿

7. 髙橋京子，森野旧薬園から発信する生薬国産化のストラテジー，日本小児東洋医学会誌，28，3-14（2015）（特別寄稿）依頼原稿
8. 髙橋京子，髙浦（島田）佳代子，後藤一寿，伝統的薬用芍薬の資源探査：大和薬種のルーツと篤農技術解析，日本東洋医学雑誌，73(4)，422-433（2022）
9. 日本学士院編，『明治前日本薬物学史 第1・2巻』日本学術振興会（1957）
10. 後藤一寿編，農林水産省「地域特産作物需要拡大技術確立推進事業」報告書　全国甘草栽培協議会（2014）

第3章

1. 御影雅幸，落合真梨絵，細川理佐，倪斯然，マオウ属植物の栽培研究（第13報）生育及びアルカロイド含量に及ぼす栽培土壌環境の検討．薬用植物研究，41(1)，14-22（2019）
2. 倪斯然，工藤喜福，安藤広和，佐々木陽平，御影雅幸，マオウ属植物の栽培研究（第11報）草質茎の挿し木法の検討(4)挿し木の適期に関する研究．薬用植物研究，40(1)，22-28（2018）
3. 倪斯然，安藤広和，金田あい，工藤喜福，落合真梨絵，蔡少青，御影雅幸，マオウ属植物の栽培研究（第12報）中国内蒙古自治区の大規模マオウ栽培地における現地調査報告(2)．薬用植物研究，40(1)，29-37（2018）
4. Ni S., Kaneda A., Kudo Y., Ando H., Ochiai M., Cai S., Mikage M. "Analysis of *Ephedra sinica* Plant Community in Natural Habitat." *The Japanese Journal of Medicinal Resources,* 40(2), 37-50 (2018)
5. 倪斯然，佐々木陽平，三宅克典，蔡少青，御影雅幸，マオウ属植物の栽培研究（第6報）中国内蒙古自治区の大規模マオウ栽培地における現地調査報告．薬用植物研究，37(2)，9-17（2015）
6. Ando H., Matsumoto M., Coskun M., Yilmaz T., Allain N., Mikage M., Sasaki Y. "The Classification of *Ephedra major* subsp. *procera* (*Ephedraceae*) - Based on Comparison with *Ephedra equisetina* in DNA and Ephedrine Alkaloids -." *The Journal of Japanese Botany,* 90(4), 235-248 (2015)

第4章

1. 髙橋京子，髙浦（島田）佳代子，矢野孝喜，川嶋浩樹，吉越恆，福田浩三，芍薬（PAEONIAE RADIX）の篤農技術検証：伝統的加工環境の数値化　日本東洋医学雑誌，74(2)，188-205（2023）
2. 後藤一寿，ウェアラブルカメラを活用した篤農技術の映像化による技術継承研究の提案（特集 生薬の安定供給と資源ナショナリズムの共生），生物工学会誌，92(7)，347-349（2014）
3. 栃本天海堂編，「創立60周年記念誌」牧歌舎（2010）
4. 髙橋京子，関浩一，善利佑記，髙浦（島田）佳代子，川嶋浩樹，矢野孝喜，後藤一寿，大和芍薬産地再生プロジェクト：森野旧薬園からの挑戦，薬用植物研究，44，39-47（2022）
5. 農研機構，薬用作物栽培の手引き～薬用作物の国内生産拡大に向けた技術の開発～シャクヤク編 https://www.naro.go.jp/publicity_report/publication/files/Shakuyaku_warc_man2021.3.15.pdf（2024年3月4日アクセス）
6. 御影雅幸，多留淳文，津田喜典，茯苓の研究：(1) 菌核の産出状況および形態，植物研究雑誌，68(2)，114-121（1993）

第5章

1. 楠木歩美，髙浦（島田）佳代子，髙橋京子，柿蒂の薬能及び薬用部位に関する史的深化，「薬史学雑誌」，53(1)，43-49（2018）
2. Shimada-Takaura K., Momoi A., Hasuo M., Ishida Y., Yamamoto Y., Tochimoto K., Goto K., Kakuto H., Yamaoka D., Takahashi K., Endo Y., "The utilization of inedible parts of persimmon: persimmon calyx for specific medicine of hiccups." *Acta Horticulturae* 1338, 357-363（2022）
3. 髙橋京子，善利佑記，髙浦（島田）佳代子，末元吹季，後藤一寿，桃仁 PERSICAE SEMENの潜在的資源探査：地域特産果樹活用，薬用植物研究，41(2)，10-27（2019）
4. 農林水産省，"品種登録データ検索"，農林水産省品種登録ホームページ http://www.hinshu2.maff.go.jp/(2019年11月24日アクセス)
5. 上海科学技術出版社編集，中薬大辞典 第3巻，小学館，1923-1924（1998）
6. Bononi M., Milella P. and Tateo F. "Gas chromatography of safranal as preferable method for the commercial grading of saffron（*Crocus sativus L.*）." *Food Chemistry*, 176, 17-21（2015）
7. Masi E., Taiti C., Heimler D., Vignolini P., Romani A., Mancuso S., "PTR-TOF-MS and HPLC analysis in the characterization of saffron（*Crocus sativus L.*）from Italy and Iran." *Food Chemistry*, 192, 75-81（2016）

第6章

1. 公益財団法人日本特産農産物協会，『地域特産作物（工芸作物、薬用作物及び和紙原料等）に関する資料（令和元年産）』2021（Web版）http://www.jsapa.or.jp/pdf/Acrop_Jpaper/nousakumotuchousar1.pdf
2. 奈良県農林部，奈良県薬用作物生産指導計画（平成28年），奈良県
3. 楠木歩美・髙浦（島田）佳代子・髙橋京子，柿蒂の薬能及び薬用部位に関する史的深化，薬史学雑誌 53(1)，43-49（2018）
4. 農林水産省，薬用作物（生薬）をめぐる事情（令和3年，Web版）(2021年10月25日アクセス)
   https://www.maff.go.jp/j/seisan/tokusan/yakuyou/attach/pdf/yakuyou-22.pdf
5. Elings, M., HASSINK, J. "Farming for Health in The Netherlands." HASSINK, J., VAN DIJK, M.（eds）*FARMING FOR HEALTH.*, vol. 13. Springer, Dordrecht. https://doi-org.ezproxy.library.wur.nl/10.1007/1-4020-4541-7_13（2006）
6. Federatie Landbouw en Zorg, Handboek landbouw en zorg, versie 7.2 juli（2022）
7. Wageningen University & Research RAPPORT, Kijk op multifunctionele landbouw, 030（2022）
8. Hassink, J., Agricola, H., Veen, E.J., Pijpker, R., de Bruin, S.R., Meulen, H.A.B.v.d., "Plug, L.B. The Care Farming Sector in The Netherlands: A Reflection on Its Developments and Promising Innovations." *Sustainability*（2020）12, 3811. https://doi.org/10.3390/su12093811
9. 植田剛司，永井啓一，坂本清彦，農福連携事業による「効果」の実証について，全労済協会公募研究シリーズ75（2018）
10. 濱田健司，福祉農業の現状，課題，展望～農福連携による新たな農業のカタチ＝「農生業」へ～，農業および園芸，93(9)，793-798（2018）

第７章

1. 矢野孝喜，川嶋浩樹，吉越恆，福田浩三，髙浦佳代子，髙橋京子，芍薬（PAEONIAE RADIX）の自給向上に関する栽培技術の検討：園芸的手法の導入による栽培管理の省力化，薬用植物研究，42(2)，1-9（2020）
2. 岡本正弘監修，後藤一寿他編著，『新品種で拓く地域農業の未来 食農連携の実践モデル』農林統計出版（2014）
3. Helper.S Salon Manage Rev, 32, 15-28（1991）
4. 平野敦士カール，アンドレイ・ハギウ，プラットフォーム戦略，東洋経済新報社（2010）
5. 小見志郎，プラットフォーム・モデルの競争戦略，白桃書房（2011）
6. 後藤一寿，産学官連携コンソーシアムによる日本型生薬生産システムの構築，日本薬理学雑誌，148(6)，315-321（2016）

おわりに

生薬原料となる薬用作物は90%を輸入に頼っている。さらに原料生産国による輸出制限やコロナ禍（新型コロナウイルス感染症）がもたらした流通の混乱など安定的な需給の逼迫が懸念されている。国内生産拡大が急務であるが、技術だけでは解決できない生産現場や事業者が抱える課題が山積する。それらは産地や事業者による国内外の市場開拓または市場シェア奪還に向けた取り組み支援・輸出産地の技術課題対応にも及ぶ。生産拡大を図るためには、生産者の増加が不可欠である。特に、経済的メリット（安定生産・流通・生産者の所得増大）の向上や、中山間地における耕作放棄地対策など生産に取り組むための駆動力が求められる。薬用作物栽培・生薬国産化に対する複数の機関による施策が動き出して10年が経過している。2013年から厚生労働省と農林水産省、日本漢方生薬製剤協会が生産農家と漢方薬メーカーをマッチングする「薬用作物の産地化に向けたブロック会議」を開催し、国内栽培の必要性が高い生薬の産地化を推進してきたが、顕著な成果は認められず行き詰まっている。農林水産省が公表した薬用作物（生薬）をめぐる事情によれば栽培面積はピーク時の643 haから500 haを割り、栽培戸数は直近10年で2,046戸から1,488戸と最も低い数字となった。漢方薬メーカーとのマッチングでは、136団体・個人が折衝を開始し、49団体・個人が契約に向けた試験栽培へと進んだが、取引を開始したのは20団体・個人に限られる。その背景には産地側が薬用作物の収益性に不安を持っていることが大きいとされる。生薬を原料とする医療用漢方製剤の販売価格は薬価で決められている。また、各薬用作物の地域に応じた栽培技術が確立されておらず、専用の農業機械がなく登録農薬も少ないため人手や手作業が多く、費用対効果が合わない。外国産生薬価格も高騰しているが国産生薬に比べるとまだ安く、栽培に成功したとしても売り手がつかないとの心配もある。こうした現状から、メーカーとのマッチングが成立し、試験栽培へと進んでも本格栽培を断念する産地が多い。

一方、生薬栽培実績の歴史考証は、消失した地域適合品生薬の発掘や篤農技術の再開など伝統知に基づく地域振興や潜在的資源探査の情報源となる。日本最古の私設薬園・森野旧薬園（奈良県：旧薬園）は、江戸幕府による薬種国産化政策の一端を担い、下賜された外国産薬種の育成や野生種の栽培化を実践し、貴重な種苗を今につないだ。特に現存する旧薬園には、生物多様性の保全と国産化の実践による生薬安定確保という極めて現代的かつ普遍的な課題とその解答が示されていると思う。それは生薬殖産の象徴であり、地域の宝として住民と地域をつなぐ力（地域文化力）となる。既存の国内生薬栽培地衰退の進行は、栽培技術・暗黙知の消失だけでなく、地域に適した種苗を失い、栽培再開の障壁となっているため、早急な暗黙知の継承が切実である。

本書は、薬用部位以外の利用、そして特定地域の歴史的価値や地域文化を踏まえたブランド化による新たな価値の付与、即ち副産物収入および観光資源としての活用を通じて産地拡大を図る農福連携生産者・実務者向けマニュアル版として、書籍とともに公開用WEBサイト掲載情報発信を目指している。同時に、薬食同源の実装には料理メニュー/レシピ紹介が、多様な一般読者層に向けた啓発の一助になると期待したい。

大阪大学総合学術博物館 招聘教授
国史跡・森野旧薬園顧問 相談役　髙橋　京子

執筆者紹介

後藤　一寿（ごとう　かずひさ）・**編者**
1976年大分県生まれ。東京農業大学大学院農学研究科農業経済学専攻博士後期課程修了。博士（農業経済学）。国立研究開発法人農業・食品産業技術総合研究機構（農研機構）に採用され、オランダワーヘニンゲン大学客員研究員、欧州拠点研究管理役などを経て、現在は本部NARO開発戦略センター副センター長、北海道文教大学客員教授、東京農業大学客員教授。専門は農業経済学・マーケティングサイエンス。新品種や薬用作物の産業化、国際共同研究の立案などを進めている。代表作として『新品種で拓く地域農業の未来』（2014年刊行　農林統計出版）など。

髙橋　京子（たかはし　きょうこ）・**編者**
1955年香川県生まれ、1977年富山大学薬学部卒業。薬剤師、薬学博士。大阪大学医学部附属病院薬剤部、神戸学院大学薬学部、USAカンサス大学薬学部、富山大学和漢医薬学総合研究所、大阪大学総合学術博物館資料基礎研究系（兼）同大学院薬学研究科准教授を経て、2020年定年退職。現在、大阪大学総合学術博物館・適塾記念センター招へい教授、国史跡森野旧薬園顧問相談役、日本漢方生薬ソムリエ協会理事を兼担。専門は漢方薬学、薬用資源学、文化財科学。近著に『緒方洪庵の薬箱研究：マテリアルサイエンスで見る東西融合医療』（2020年刊行、大阪大学出版会）他、原著論文・著書多数。

執筆者（五十音順）

井形　雅代（いがた　まさよ）
1964年北海道生まれ。東京農業大学農学部農業経済学科卒業。東京農業大学農学部農業経済学科に採用され、2004～2005年オランダワーヘニンゲン大学客員研究員、現在は国際食料情報学部アグリビジネス学科准教授。専門は農業経営学。主な著作は農業・食品産業のトップランナーとして活躍する東京農業大学の卒業生を取り上げた『バイオビジネス』シリーズなど。

上西　良廣（うえにし　よしひろ）
1989年大阪府生まれ。博士（農学）（京都大学）。国立研究開発法人農業・食品産業技術総合研究機構（農研機構）研究員を経て、現在は九州大学大学院農学研究院助教。専門は農業経営学、農業経済学。単著に『持続可能な農業に向けた農法普及――「生きものブランド米」の技術と導入行動――』（農林統計出版、2022年）。

大久保　智尚（おおくぼ　ともなり）
1977年大分県生まれ。福岡県福岡市中村調理専門学校卒業後、福岡ソラリア西鉄ホテル・東京、溜池山王　フランス料理「ビストロ・ボンファム」勤務ののち渡仏。フランス、パリ、ブルターニュ、リモージュ星付きレストランやビストロ勤務。東京　銀座「Le 6eme Sens」フランス　ブルゴーニュ、サンスレストラン「MIYABI」レストラン「La Madeleine」グルノーブル「Le Fantin Latour」サンジュリアンデソワ「Les Bon Enfants」を経て現在Tomo Clover大久保食堂オーナーシェフ。竹田サフランの魅力を引き出し、フレンチの世界で世界に発信するサフランの伝道師的存在。サフランやカボスなど地域食材の創作メニューを多数考案。https://www.tomoclover.com/

髙浦　佳代子（たかうら　かよこ）
1985年大阪府生まれ。大阪大学大学院薬学研究科応用医療薬科学専攻博士後期課程修了。博士（薬学）。大阪大学総合学術博物館（兼）大学院薬学研究科特任助教を経て、現在は近畿大学薬学部講師。専門は生薬学、伝統医薬学、薬史学。主な著作は緒方洪庵全集『第五巻　書状（その二）　その他文書（附）適塾姓名録』（大阪大学出版会、2022年）、同『第三巻（上）　和歌　書　著作（その二）』（大阪大学出版会、2023年）（いずれも分担執筆）など。

御影　雅幸（みかげ　まさゆき）
1948年大阪府生まれ。近畿大学薬学部卒、富山大学大学院薬学研究科修了。薬剤師。薬学博士（富山医科薬科大学）。富山医科薬科大学和漢薬研究所助手、金沢大学薬学部助教授、同教授、同大学院自然科学研究科教授（平成26年定年退職）、東京農業大学農学部バイオセラピー学科教授、同生物資源開発学科教授（2022年退職）を歴任。金沢大学名誉教授。専門は生薬学、薬用植物学。国内外で野外調査を行ない、近年は生薬の国産化に尽力。学術論文・教科書等著書多数。和漢医薬学会賞（平成26年）。現在、薬用植物栽培研究会会長、日本漢方生薬ソムリエ協会理事長、国産生薬生産普及協会会長、高知県立牧野植物園評議員、富山県中央植物園友の会会長。

妙田　貴生（みょうだ　たかお）
1974年広島県生まれ。東京農業大学大学院農学研究科農学専攻博士後期課程修了。博士（農学）。東京農業大学生物産業学部食品科学科に採用され、ドイツ食品化学研究センター客員研究員を経て、現在は東京農業大学生物産業学物食香粧化学科学科長、教授。専門は香料化学。精油化学や食品のフレーバーに関する論文多数。

謝辞

本書の作成に当たっては、下記各位にご協力いただきました。記して感謝いたします。(敬称・役職名略、五十音順)

浅間宏志、東由子、家入啓至、井原香名子、岩崎豊一、上田大貴、江口太郎、大橋哲郎、奥薗彰吾、小栗一輝、角藤裕、笠原良二、加藤照和、川嶋浩樹、木村康人、(故)姜東孝、楠木歩美、國見依利佳、合田幸広、小松かつ子、(故)小山鐵夫、佐藤智紀、實原小百合、首藤勝次、末元吹季、須磨一夫、関浩一、善利佑記、反田公紀、高野昭人、武田修己、田村隆幸、栃本久美子、(故)栃本文男、中村朝実、中村勇斗、(故)難波恒雄、野村秀一、橋本和則、針ヶ谷哲也、東野将伸、福田浩三、(故)福田眞三、保科政秀、前忠吾、松島成介、松野倫代、水上元、宮嶋雅也、森﨑智子、森野燾子、森野藤助、矢野孝喜、山岡傳一郎、(故)山田光胤、山田享弘、山本豊、吉川文音、吉越恒、(故)渡部親雄、渡部孝枝

【協力機関】

医療法人社団金匱会診療所、愛媛県立中央病院、愛媛県伊方町国民健康保険 瀬戸診療所、大阪大学総合学術博物館、大阪大学大学院薬学研究科伝統医薬解析学分野、大分県竹田市、大分県農業協同組合豊肥事業部、岡山大学、金沢大学、株式会社 ウチダ和漢薬、株式会社 四國生薬、株式会社 ツムラ、株式会社 栃本天海堂、株式会社 前忠、小太郎漢方製薬株式会社、国立医薬品食品衛生研究所、国立研究開発法人農業・食品産業技術総合研究機構 西日本農業研究センター、国史跡 森野旧薬園、高知県立牧野植物園、昭和薬科大学、JAフルーツ山梨営農販売部、武田科学財団杏雨書屋、竹田市農政課、つくば牡丹園、東京農業大学、富山大学和漢医薬学総合研究所、富山県薬事研究所付設薬用植物指導センター、日本漢方生薬ソムリエ協会、東大阪市楠根リージョンセンター、福田商店、ポニーの里ファーム、三重県農業研究所花植木研究課、Wageningen University & Research

【研究助成】

JSPS科研費

- 2017-2023年度基板研究B特設分野研究 課題番号:17KT0079
- 2018-2020年度基盤研究C 課題番号:18K01102
- 2017-2019年度基盤研究C 課題番号:17K07987
- 2017-2019年度基盤研究A 課題番号:17H00832
- 2013-2015年度基盤研究B 課題番号:25282071
- 2013-2015年度基盤研究B 課題番号:25292138
- 2011-2013年度基盤研究B 課題番号:23380135
- 2010-2012年度基盤研究B 課題番号:22300310

公益財団法人 日本食品化学研究振興財団 平成29年度、30年度、31年度研究助成

表紙デザイン:髙橋 京子

薬食同源を実装する園芸作物ビジネスの新産業化
～柿、桃、シャクヤク、サフランを活用して～

2024年10月1日 初版第1刷 [検印廃止]

編著者 後藤一寿・髙橋京子
発行所 大阪大学出版会
代表者 三成賢次
〒565-0871 大阪府吹田市山田丘2-7
大阪大学ウエストフロント
TEL:06-6877-1614
FAX:06-6877-1617
URL:https://www.osaka-up.or.jp

印刷・製本所 (株)遊文舎

ISBN 978-4-87259-806-3 C1045

本研究は科学研究費補助金 基盤研究B 特設分野研究(課題番号17KT0079)の助成を受けています。